KB113063

하리하라의 과학블로그 1

하리하라의 과학블로그 1

이은희 지음

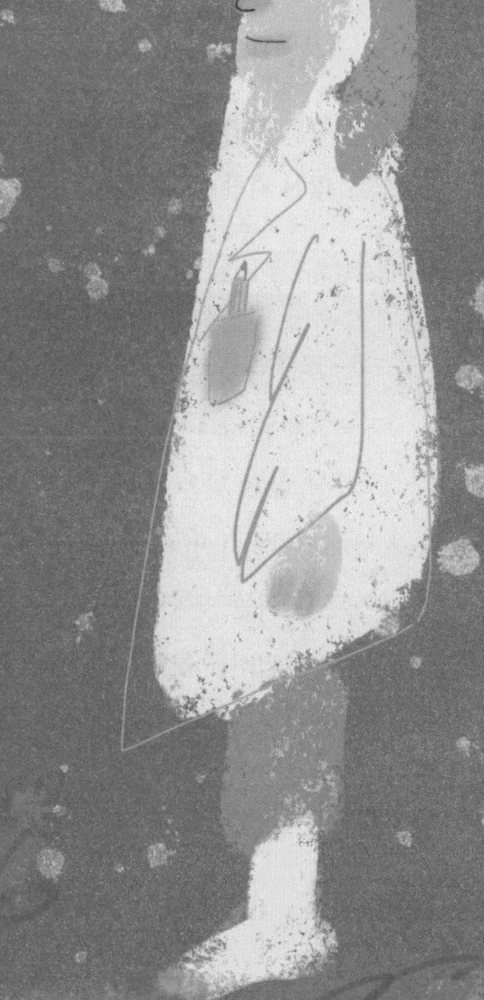

살림Friends

머리말

2005년에 태어난 조카가 24학번 신입생이 되었습니다. 2005년과 2024년의 시간은 그렇게 갓 태어난 아이가 자라 성인이 되는 긴 시간입니다. 첫 번째 과학블로그가 2005년에 나왔으니, 벌써 시간이 참 많이 지난 셈입니다.

그간 우리 사회는 수많은 변화를 겪었습니다. 신종플루에서 시작한 감염성 질환의 대유행은 메르스를 거쳐 코로나-19로 확산되어 전 세계를 강타했습니다. 전세계인들이 사회적 거리두기에 익숙해지면서, 삶의 많은 부분이 오프라인에서 온라인으로 옮겨갔습니다. 물리적 거리가 떨어져 있는 이와 만날 때 언제 어디서 만나야 적절할지 가늠하는 것이 아니라, 언제 만날지만 정하면 됩니다. 물리적 거리와 상관없이 온라인을 통해 얼마든지 화상으로 만날 수 있기 때문이죠. 코로나-19 이전에는 아이가 학원에 결석하게 되면, 따로 선생님과

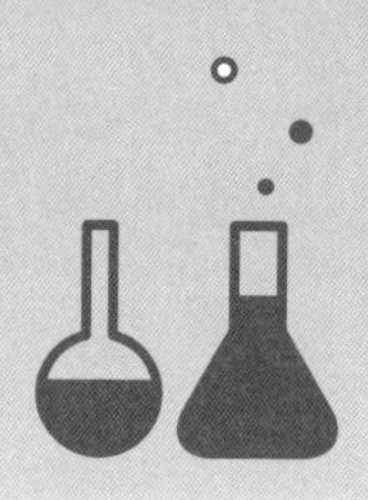

보강 날짜를 잡아야 했지만, 요즘은 결석한 날에 수업한 내용을 담은 동영상 링크를 보내줍니다. 회의와 수업 뿐 아니라, 오프라인에서 할 수 있는 거의 모든 것이 온라인에서도 가능하도록 플랫폼이 갖추어졌습니다.

그리고 2023년부터 본격적으로 등장한 생성형 AI의 도약도 우리 삶에 많은 영향을 주었습니다. 실시간으로 외국어가 번역되고, 무엇이든 질문하면 답을 해주며, 텍스트만 입력해도 멋진 그림을 그려주기도 하고, 내가 관심있어 하는 분야의 상품들을 알아서 팝업 광고로 띄워주기도 합니다. 하나하나 시행착오를 거쳐 부딪치며 익혔어야 했던 것들이 AI를 이용하면 별다른 실수없이 무난하고 적합한 답을 찾을 수 있습니다. 세상은 그렇게 변했고, 그 속도는 잠시 한 눈만 팔아도 저만치 앞서가고 있다고 느껴질 정도로 빨라지고 있습니다.

개정판 이전의 책의 서문에, "다른 각도에서 바라보면 저 사실을 다르게 받아들일 수 있지 않을까"라는 생각에 책을 썼다는 문구를 발견했습니다. 지금 이 순간 이 문장이 새롭게 다가옵니다. 책에 실린 열 가지 이야기를 대하는 기본적인 관점은 하나입니다. 세상 모든 것이 다면적으로 해석이 가능하다는 것이지요. 과학은 진리이고, 기술은 발전하며, 새로운 발전은 반드시 우리에게 편리함과 이로움을 가져다주지만, 이면에는 미처 생각지 못한 다른 모습이 자리 잡고 있을지도 모릅니다. 노파심에 하는 말이지만, 저는 음모론을 믿는다거나 세상 모든 것에 어두운 면이 반드시 존재한다고 믿는 비관론자가 아닙니다. 오히려 그 반대쪽에 가깝지요. 다만 세상 모든 면에는 내가 알고 있는 것과는 다른 점이 존재할 수 있다고 생각하기에, 내가 알지 못하는 것이 존재하지 않는다고 단정할 수 없다는 것뿐이죠. 제가 이 책에서 나누는 이야기는 여러분이 익히 알고 있는 것일 수도 있습니다. 그렇다면 저는 도리어 기쁠 겁니다. 세상에는 이면이 존재할 수 있다는 사실을 이미 알고 계신 분들과 이야기를 함께하는 것은 언제나 즐거운 일이니까요. 혹시 제가 나누는 이야기들이 여러분이 미처 생각지 못했던 사실이라면 그 또한 즐거운 일일 것입니다. 알고 있던 이야기의 뒷장에서 새로운 이야기를 발견하는 것도 더 없이 기쁜 일이니까요. 그럼 이제 제 이야기에 한번 더 귀 기울여 주시겠어요?

2024년 4월,

하리하라 이은희

차례

01

인간은 미생물과의 싸움에서 승리했는가

항생제 논란

세균과 인간의 오랜 줄다리기에서

인간이 항생제를 찾아내 줄을 잡아당기자

세균도 반격을 시작했습니다.

'내성'을 획득하는 방식으로 말이죠.

• • •

"이게 뭐야? 이 플레이트(뚜껑 달린 접시 모양의 세균 배양 기구)에 곰팡이가 피었잖아? 에이, 실험 다시 해야겠네."

1928년의 어느 날, 연구원 한 사람이 투덜거리며 파란색 곰팡이가 핀 플레이트를 버리려고 했지요. 순간, 그의 눈에 뭔가가 잡혔습니다.

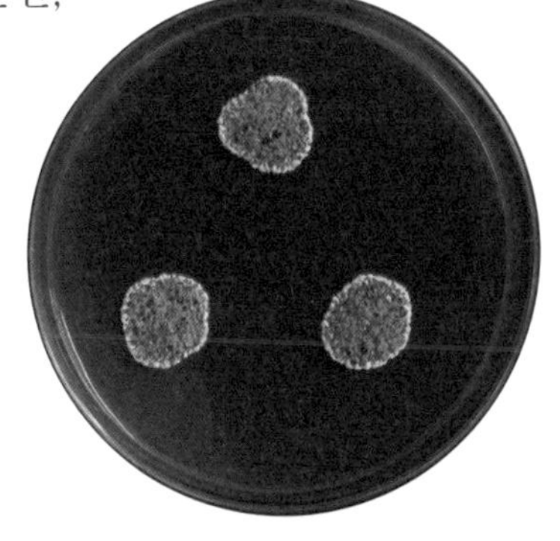

플레이트에 핀 푸른곰팡이
페니실린 발견의 계기가 된 푸른곰팡이입니다. 영국의 알렉산더 플레밍은 인플루엔자 바이러스에 관해 연구하던 중 우연히 포도상구균 배양기에서 푸른곰팡이를 발견하게 되죠. 불과 한 세기도 안 된 1928년의 일이랍니다.

"어? 이 곰팡이 주변에만 플라크plaque(세균이 죽어서 생긴 투명한 점)가 생겼네?"

신기하게 생각한 그는 평소 같았으면 쓰레기통에 던져버렸을 플레이트를 들고 다시 실험실로 들어갔어요. 조심스럽게 뚜껑을 열고 푸른곰팡이를 꺼내 세균을 배양시켜 놓은 다른 플레이트에 조금씩 옮겼답니다. 며칠 후, 다시 플레이트를 살펴본 뒤 확신했습니다. 이번에도 푸른곰팡이 주변에는 세균이 살아남질 못했기 때문이죠. 그는 이 작은 푸른곰팡이가 세균을 죽이는 물질을 분비하는 것이라 믿었습니다. 이후 수많은 시행착오 끝에 푸른곰팡이에서 세균을 죽이는 항생물질을 분리해내는 데 성공합니다.

그가 누군지 아시겠어요? 바로 최초의 항생제인 페니실린penicillin을 발견한 알렉산더 플레밍입니다. 푸른색 곰팡이는 페니실리움 노타움Penicillium Notaum이었고요. 인간이 지구상에 처음 등장한 이후, 끈질기게 계속된 인간과 미생물의 싸움에서 드디어 인간이 승기를 잡는 역사적인 순간이었습니다.

인간, 미생물과의 싸움에서 유리한 고지를 점령하다

이 이야기는 우연한 관찰이 어떻게 큰 업적으로 완성되는지 보여주는 대표적인 일화입니다. 사실 푸른색을 띠는 곰팡이는 종류가 650가지도 넘지만, 그중에서 항생물질을 분비하는 것은 몇 가지뿐이고, 페니실린에 죽지 않는 세균도 많습니다. 예를 들어 페니실린은 폐렴균을 죽일 수 있지만, 결핵균에는 효과가 없습니다. 그래서 결핵 환자들은 페니실린 발견 이후에도 특효약인 스트렙토마이신이 나올

곰팡이
지구상에는 약 10만 종 이상의 곰팡이가 존재하는 것으로 추정됩니다. 곰팡이를 키워 다양한 종류의 대사산물을 얻을 수 있어 연구가 활발한 편이죠. 유기산이나 아미노산, 항생제뿐만 아니라, 효소의 대량 생산에도 곰팡이가 이용된답니다.

때까지 더 기다려야 했죠.

다시 일화로 돌아가서 당시 실험실에서 배양접시에 곰팡이를 피게 한 것은 실험자의 크나큰 실수랍니다. 만약 대학원에서 이런 실수를 저질렀다면 선배나 교수님께 싫은 소리를 안 듣고 넘어가진 못했을 겁니다. 여기서는 관찰과 추론 능력이 중요한 역할을 합니다. 배양접시에서 곰팡이만 보았다면 페니실린의 발견으로 이어지지 못했겠지요. 플레밍은 곰팡이뿐 아니라 곰팡이 주변의 현상(플라크가 생긴 것)까지 주의 깊게 보았습니다. 자신이 본 것을 그냥 넘기지 않고 다른 곰팡이와 달리 플라크가 생긴 이유를 추론했습니다. 관찰과 추론은 과학에서 전부는 아니지만 대부분이라 할 수 있을 정도로 중요합니다. 뛰어난 과학자들은 자신이 본 것에서 의문점을 찾아내는 관찰력과, 의문을 사실로 증명하는 추론 능력을 두루 갖추고 있답니다.

플레밍의 발견은 그동안 인류를 괴롭혀오던 패혈증敗血症, sepsis, septicemia, 폐렴 등 무서운 질병에 대응할 수 있는 든든한 방패를 인간의 손에 쥐어주는 결과를 가져왔습니다. 세균이 혈액으로 퍼져서 일어나는 전신 감염 질환을 모두 '패혈증'이라 일컫습니다. 패혈증은 화상이나 상처 때문에 약해진 피부를 통해 세균이 들어갔을 때도 생기지만, 편도선염, 중이염, 폐렴, 충수염, 맹장염 등의 내부 염증 질환이 있을 경우에도 생길 수 있습니다. 패혈증의 사망률은 30~40%, 쇼크를 동반하는 경우는 70%까지 높아지는 무서운 질병입니다.

그렇다면 본격적으로 항생제 이야기를 시작하기 전에 먼저 항생제의 정의부터 살펴보도록 하죠. 항생제란 영어로 'antibiotics'라고 합니다. 결핵 치료제인 스트렙토마이신streptomycin을 발견한 미국의 왁스먼S. A. Waksman, 1888~1973이 anti항, 抗+bios생명에서 따서 antibiotics라고 명명한 것이 시초였죠. 우리가 보기에는 세균, 곰팡이, 원생생물이 다 비슷한 미생물 같습니다.* 하지만 미생물 세계도 경쟁이 치열하기

---

* 세균(bacteria) : 핵이 없는 원핵생물.
원생생물(protozoa) : 단세포 진핵생물.
곰팡이(진균, fungi) : 진핵생물.

때문에 일부 미생물은 다른 종류의 미생물을 공격하는 물질을 만들기도 합니다. 또 동식물 중에 미생물 감염을 방지하고자 자체적으로 항균물질을 생성하기도 하고요. 이런 자연적인 항생 성분을 분리해 정제한 것이 바로 '항생제'입니다. 요즘은 좁은 의미에서 항생제는 세균, 즉 박테리아를 죽이는 물질을 의미하고, 바이러스를 죽이는 물질은 '항바이러스제', 곰팡이를 죽이는 물질은 '항진균제'라고 부른답니다.

어쨌든 이렇게 우연과 행운에 의해 발견된 페니실린은 몇 차례 우여곡절을 겪은 끝에 20세기 전반을 휘몰아친 세계대전에서 부상당한 병사들을 살려내며 '기적의 약'으로 불렸습니다. 페니실린의 대성공 이후, 과학자들은 항균 작용을 하는 물질을 분비하는 다른 미생물을 찾거나, 이미 발견된 항생제를 인공적으로 합성하거나, 생화학적으로 이들의 구조를 분석해 효과를 개선하는 작업에 매달리기 시작했죠. 그 결과, 지금까지 약 1만여 종의 미생물을 죽이는 성분이 보고되었고, 그중에서 수백 종이 약으로 개발되어 실제 환자에게 사용되고 있습니다. 이렇게 무서운 패혈증에 대응할 수 있게 된 것도 항생제 덕분이었고요.

간단하게 항생제의 종류를 살펴볼까요?

현재 나와 있는 항생제는 균을 죽이는 특성이나 구조에 따라 일곱 가지 정도로 나뉩니다.

항생제는 사람이 먹지만 사람에게는 해롭지 않으면서 세균만 죽여야 합니다. 그러니 사람의 세포와는 다른 세균만의 특징을 집중 공격해야 합니다. 가장 첫 번째 주자는 당연히 페니실린penicillin류입니다. 이들은 세균이 가진 세포벽을 만들지 못하게 억제해 세균을 죽입니다. 사람을 포함한 동물의 세포는 원래 세포벽이 없기 때문에 영향을 받지 않지만, 세균은 세포벽이 없으면 가혹한 환경을 이겨낼 수 없기 때문에 페니실린이 세포벽을 만들지 못하게 방해하면 죽고 맙니다.

참고로 페니실린이 인간에게 아무 해도 입히지 않느냐 하면 안타깝게도 그건 아닙니다. 페니실린 자체가 인간 세포를 공격하지는 않습니다. 하지만, 우리 몸의 면역계가 페니실린의 성분을 과민하게 인식해 알레르기 반응을 일으킬 수는 있습니다. 페니실린 알레르기는 자칫 아나필락시 쇼크를 일으켜 생명이 위험할 수도 있기 때문입니다.

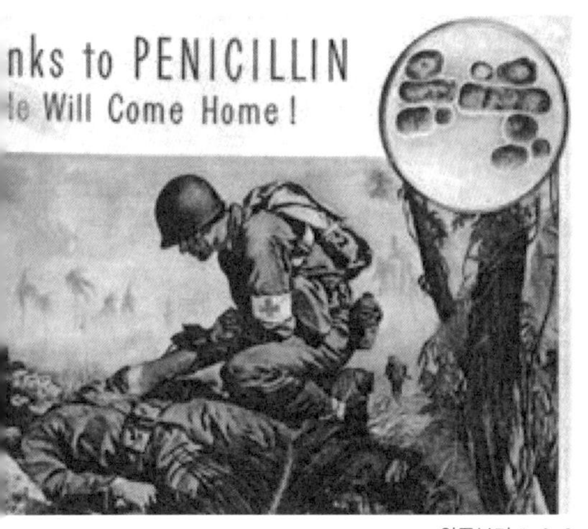

왼쪽부터 1, 2, 3

1 페니실린 팔아요
미국의 제약업자에 의해 페니실린의 대량생산에 성공한 후, 페니실린의 가격은 대폭 하락하였고, 폭발적으로 늘어난 페니실린의 수요에 부응할 수 있었습니다. 약품을 파는 상점에게도 고객에게도 희소식이 아닐 수 없었죠.

2 페니실린의 제조
1930년대 페니실린의 제조 과정은 지금에 비하면 아주 열악했습니다. 대부분 수작업으로 이루어졌고 약품을 다루는 이들은 마스크와 실험용 가운만 입고 장갑도 끼지 않은 채 작업하기 일쑤였습니다.

3 Thanks to PENICILLIN
페니실린이 빛을 발한 것은 제2차 세계대전 때랍니다. 병사들은 갖가지 부상으로 죽어갔지만 불결한 위생에 의한 세균 감염으로 가벼운 상처에도 죽는 경우가 많았지요. 이때 페니실린은 병사들의 1차 처방약이었고 생명수나 다름없었습니다. 이 공로로 플레밍, 플로리, 체인 세 명은 1945년 노벨 생리의학상을 받았답니다.

아나필락시 쇼크anaphylaxis shock란 생명체가 외부 이물질에 대해 일으키는 심각한 과민성 반응을 말합니다. 일종의 급성 알레르기 반응으로 너무 격렬하고 즉각적이어서 때로는 목숨을 잃을 만큼 심각하기도 합니다. 아나필락시 쇼크는 매우 드물게 일어나지만, 사람에 따라서는 특정한 항생제를 맞거나 벌에 쏘였을 때, 또는 땅콩처럼 알레르기를 유발하는 음식을 먹었을 때도 나타납니다.

일단 아나필락시 쇼크가 일어나면 온몸이 가렵고 발진이 돋아나며 심하면 기관지가 부어서 숨쉬기가 힘들어지고 혈압이 떨어지며

의식을 잃기도 합니다. 그래서 항생제는 반드시 사용 전에 아주 적은 양을 미리 테스트하여 알레르기 반응이 일어나는지 여부를 체크한 뒤 사용해야 합니다. 혹시 여러분은 어떤 염증 때문에 병원에 갔을 때, 팔 안쪽에 약을 약간 묻혀 찌른 뒤 부어오르는지 확인해본 적 있나요? 이게 바로 항생제에 대한 알레르기 테스트입니다. 이때 피부가 많이 부어오르면 알레르기체질이기 때문에 다른 항생제로 바꿔서 사용해야 한답니다.

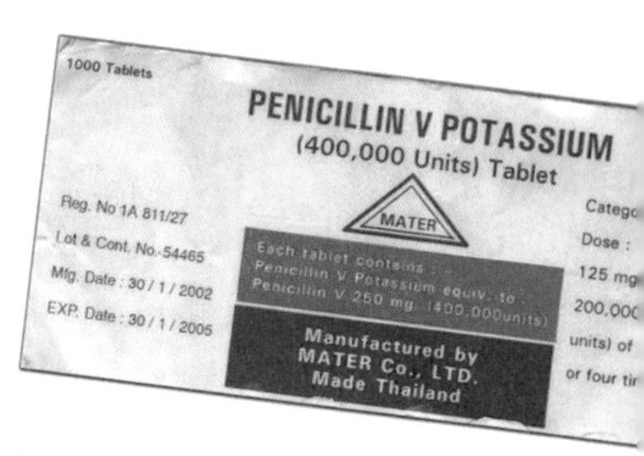

항생제 연구의 가속화

페니실린은 수막염, 폐렴, 디프테리아, 매독에 거의 기적 같은 치료 효과를 보여주었습니다. 이후 현대 의학은 1만여 종의 항생물질을 개발해 100여 종은 질병 치료에 사용하고 있답니다.

이 밖에 세팔로스포린cephalosporin계에 속하는 항생제도 페니실린처럼 세균의 세포벽 합성을 저해하여 세균을 죽이는 종류입니다. 아미노글리코사이드aminoglycoside계와 테트라사이클린tetracycline계, 마크로라이드macrolide계, 린코사마이드lincosamide계, 클로람페니콜chloramphenicol계 등의 항생제는 서로 작용하는 범위는 다르지만, 둘 다 세균이 생존을 위해 만들어내는 필수적인 단백질 합성 과정을 방해해 세균을 죽이는 작용을 합니다.

이 밖에도 퀴놀론quinolone계 항생제는 세균의 유전정보를 담은 핵산 합성을 방해하고, 설폰아미드sulfonamide는 세균의 엽산 합성을 방해하는 작용을 합니다. 세균마다 더 치명적인 부위가 조금씩 다르기 때문에 세균의 종류에 맞게 적절한 항생제가 처방되고 있지요.

항생제가 약속한 미래, 과연 장밋빛인가

이렇게 지난 한 세기 동안 수많은 항생물질이 잇따라 발견되면서, 인류의 평균 수명은 수십 년씩 늘어났고 유아 사망률은 가파르게 떨어졌습니다. 이제 사람들은 더 이상 폐렴이 두렵지 않게 되었습니다. 고열과 기침에 사경을 헤매던 사람도 페니실린만 맞으면 거뜬히 일어날 수 있었으니까요. 사람들은 손가락의 상처 때문에 패혈증에 걸려 온몸이 썩어 들어가지 않았고, 아기를 낳은 어머니 네 명 중 한 명을 출산 후유증으로 죽이던 산욕열도 두렵지 않았습니다. 여성이 아기를 낳은 뒤, 신체가 정상적으로 되돌아올 때까지 6~8주간을 '산욕기'라고 하는데, 산욕열産褥熱, puerperium은 이 기간에 발생하는 대표적인 질환입니다. 아기를 낳을 때 산모의 회음부가 찢어지는 경우가 많은데, 예전에는 이 상처가 세균에 감염되어 산모 사망률이 매우 높았답니다. 그래서 현대 병원에서는 아예 의사가 아기를 낳을 때 회음부를 미리 절개하고 소독해 찢어지는 것을 방지한다고 해요.

또한 항생제의 발달은 '하얀 죽음의 신'으로 불리던 결핵結核, tuberculosis조차도 구시대의 산물로 만들었습니다. 결핵균에 감염되어 생기는 결핵은 기침 끝에 피를 토하는 폐결핵으로 유명합니다만, 우리 몸의 다른 장기에서도 생길 수 있어 신장, 뇌, 장, 관절, 기관지, 생식기 결핵도 발생합니다. 주로 공기를 통해 전염되며, 폐에 감염될 경우 폐를 파괴시키고 고름이 가득한 고름 주머니를 만듭니다. 스트렙토마이신을 비롯한 항생제를 사용해 치료하는데, 결핵에 걸리기 전에 미리 BCG 접종으로 예방하는 것이 더 중요하겠지요.

이처럼 항생제의 강력한 효능에 감동한 사람들은 너도나도 이 '신의 은총'을 맹신하게 되었죠. 감기만 걸려도 '독한 약'을 찾았고, 자연치유가 가능한 작은 상처에도 '마이신'을 사탕처럼 집어 먹었습니다. 사람들은 이 기적이 좀 더 널리 퍼지길 바랐습니다.

의사와 환자만 항생제의 개발에 두 손 들어 환영한 것은 아니었습니다. 전 세계의 축산 농가들이 이 은총을 받기 위해 앞다투어 모여들기 시작했습니다. 근대 산업사회가 시작되면서 이전에는 각 가정에서 소규모로 몇 마리씩 가축을 키우던 수준에서 벗어나, 대규모로 기업형 낙농업과 축산업이 시작되었습니다. 좁은 우리에 많은 동물을 가두어 키우다 보니 아무래도 위생 상태가 좋지 못했고, 전염병이라도 한번 돌면 수천, 수만 마리가 한꺼번에 떼죽음을 당하는 일이 비일비재했거든요. 그러나 이런 문제를 위생 개선으로 해결하기보다 좀 더 쉬운 방법을 선택하는 사람들도 있었습니다.

일부 사람들은 아직 발병하지도 않은 가축에게 항생제가 섞인 사료를 먹이기 시작했습니다. 병이 든 가축은 이미 상품 가치가 떨어지기도 했지만, 때맞춰 주사제 외에 경구 투여가 가능한 항생제가 값

싼 가격으로 쏟아져 나왔기 때문입니다. 또 항생제 섞은 사료를 먹인 가축은 질병에 저항이 생겨서 그런지 일반 사료를 먹인 가축에 비해 10~15% 정도 빨리 자라주었습니다. 점점 더 사료에 항생제를 섞어 가축에게 먹이는 사람들이 늘어나자, 고기와 우유, 달걀 등의 생산량이 늘었고 인류의 미래는 서광이 비치는 듯했습니다. 그러나 무엇이든 가득차면 넘치는 법이라, 인간의 지나친 항생제 맹신에 이어 미생물의 반격이 개시되었습니다. 바로 '내성균'이 등장한 것입니다.

미생물의 반격이 시작되다!

내성tolerance이란 정상적인 경우라면 항생제에 의해 죽어야 할 병원균이 죽지 않는 저항 현상을 의미합니다. 세균에게 항생제를 만난다는 것은 생존을 위협하는 심각한 상황입니다. 이렇게 이전에는 A라는 항생제로 죽일 수 있었던 B세균이 내성을 획득하면 이제 변종 B세균은 더 이상 A로 죽일 수 없게 되어 더 강력한 항생제를 사용해야 합니다. 더 무서운 건, 내성균이 단 하나라도 만들어지면 삽시간에 이들의 수가 늘어난다는 것입니다. 세균들은 이분법을 통해 번식하니 제곱수로 늘어날 수 있는데다가, 내성 유전자를 다른 세균들에게 복제해서 넘겨주는 것도 가능하기 때문이죠. 이런 과정이 몇 번 반복되면, 최악의 경우 어떤 항생제에도 죽지 않는 슈퍼 세균이 등장하는 건 시간문제입니다. 이미 페니실린에 내성을 지닌 임질균, 스트렙토마이신 내성 결핵균 등이 등장했고, 이 밖에도 다양한 내성균이 존재하고 있답니다.

지난 2000년 의약 분업 이후, 항생제는 의사의 처방전이 있어야 구입할 수 있어 이전처럼 항생제를 무분별하게 사용하지는 않게 되었습니다. 하지만 항생제가 몸에 나쁘다는 인식이 널리 퍼지면서 오히려 꼭 필요한 순간에도 항생제 사용을 망설여 병을 키웁니다. 항생제를 독하다고 생각해 병원에서 지어준 항생제를 다 먹지 않고 증상이 개선되면 임의로 복용을 중단하기도 합니다. 2017년에는 항생제를 무조건 거부해 사회적으로 큰 파장을 일으킨 '안아키(약 안 쓰고 아이 키우기) 사건'도 있었죠.(이 이야기는 『하리하라의 과학블로그 2』에서 자세히 다룹니다.)

항생제의 간헐적 복용은 이미 사회에 만연한 현상입니다. 많은 사람이 항생제를 많이 먹으면 몸에 내성이 생겨 좋지 않다고 생각해 복용을 임의로 중단하는데요. 그런데 오히려 이런 행위가 항생제 내성을 더 증가시키는 결정적 행위가 됩니다. 항생제 내성은 '내 몸'에 생기는 것이 아니라 '세균'에 생기기 때문이지요.

항생제 내성의 원리

폐렴균을 예로 들어볼까요? 앞서 페니실린은 폐렴균 퇴치에 효과가 있다고 했습니다. 보통의 폐렴균은 페니실린이 세포벽에 구멍을 뚫어 세포를 망가뜨릴 수 있으니까요. 폐렴균에 페니실린을 투여하면 이러한 원리로 폐렴균 대부분은 죽습니다. 그런데 이 과정에서 운 좋게 페니실린에 대응하는 물질을 만들어낼 수 있는 돌연변이 세균, 즉 내성균이 출현할 수 있습니다. 내성균은 페니실린이라는 무기를 무력화시키는 방패 물질을 만들어 항생제의 공격을 무력화시킵니다.

내성균은 딱 하나만 만들어져도 전부나 다름없습니다. 이분법으로 분열하는 세균의 특성상 한 마리가 30번만 분열하면 10억 마리가 넘어가니까요. 이때 항생제는 세균을 공격하는 무기인 동시에 세균이 항생제 내성을 갖도록 자극하는 물질로 모두 작용합니다. 그러니까 세균이 항생제 내성을 갖지 않게 하려면 항생제를 아예 쓰지 않거나, 쓰더라도 확실하게 써서 세균을 완전히 박멸해야 합니다.

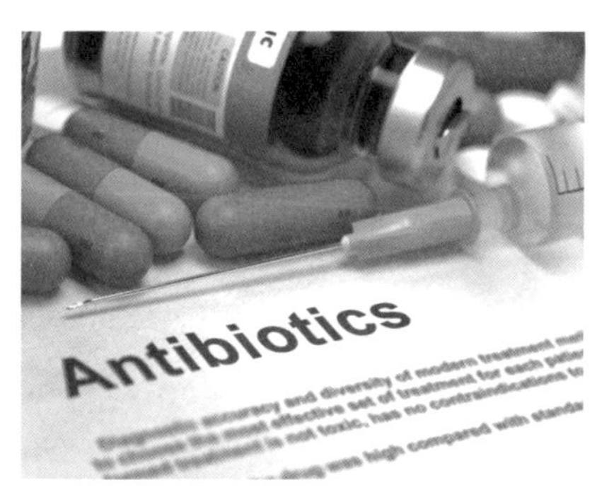

항생제의 간헐적 복용
항생제를 간헐적으로 복용하거나 임의로 복용을 중단하는 경우가 많은데요. 이것은 오히려 세균에 내성이 생기도록 만들어 우리에게 불리하답니다.

최악의 상황은 항생제를 찔끔찔끔 사용하거나 병원에

국가	네덜란드	핀란드	이탈리아	스페인	한국	터키	그리스
사용량	9.5	14.7	21.7	24.9	26.1	31.9	34.1

(자료원: OECD Health Statistics 2021)

2019년 항생제 사용량(DID(DDD/1,000명/일)

서 제공한 용량보다 임의로 적게 사용하는 것입니다. 그러면 세균을 모두 죽일 수 없을 뿐만 아니라 세균에게 내성균을 만들어내도록 자극만 할 수도 있거든요. 이렇게 만들어진 내성균은 이제 나만의 문제가 아닙니다. 내 몸에서 만들어진 페니실린 내성균이 다른 사람을 감염시키기라도 한다면, 그 사람은 처음부터 페니실린이 무용지물이어서 이보다 더 강력하고 비싼 다른 항생제를 써야 합니다. 이 과정이 몇 번 되풀이되면 어떤 항생제도 효과가 없는 슈퍼내성균이 탄생하는 건 시간문제입니다. 국민건강보험공단의 조사 결과, 2019년 국내의 인체항생제 사용량은 경제협력개발기구OECD 29개국 중 3위로 높으며, 가장 낮은 네덜란드에 비하면 거의 3배 가까이 높은 실정이다.

양날의 칼, 항생제

항생제는 오랫동안 괴롭혀온 세균성 질환으로부터 인류를 구원하고 삶의 질을 높여준 것이 사실입니다. 그러나 인간은 자신에게 주어진 이 유능한 칼을 너무 함부로 휘두른 나머지 스스로의 몸을 베는 실수를 종종 저지르곤 합니다. 과학은 잘 이용하는 사람에게는 매우 유용한 도구이지만, 잘못 사용하면 오히려 스스로에게 해를 끼치는 '양날의 칼'이 될 수 있습니다. 사실 항생제뿐만 아니라 모든 것이 그렇지요. 우리가 해야 할 일은 과학의 가능성과 한계를 파악하고, 유용한 과학적 성과가 이면의 그림자 때문에 사장되지 않도록 이해하고 노력하는 것입니다.

미생물의 번식

미생물은 스스로를 복제하는 무성생식을 하기에 유전자의 다양성이 부족한 대신, 잦은 돌연변이를 통해 스스로의 모양을 조금씩 변형시킵니다.

여기 100만 마리의 결핵균이 있다고 칩시다. 스트렙토마이신을 사용해서 이 결핵균 중에 99만 9,990마리를 죽였다고 인간이 안심할 수 있을까요? 만약 살아남은 10마리 중에 하나라도 스트렙토마이신에 대해 내성을 획득하고 살아남았다면 미생물의 또 다른 특징인 엄청난 증식 속도로 인해 이 내성균들이 순식간에 불어나는 건 시간문제입니다.

이는 대부분의 미생물은 순식간에 두 배, 네 배, 여덟 배로 늘어나는 방식으로 번식하기 때문입니다. 한 시간에 한 번씩만 분열한다고 해도 한 마리가 100만 마리로 불어나는 데 20시간밖에 걸리지 않습니다. 불과 하루도 채 되지 않는 시간이면 원상복귀가 되는 것이죠.

또한 미생물은 플라스미드plasmid라고 하는 원형 유전자를 가지고 있는데, 이 플라스미드는 한 미생물에서 다른 미생물로 옮겨 갈 수 있답니다. 플라스미드를 이용하면 쉽게 형질전환을 할 수 있어서 실험실에서 많이 사용되고 있는데요. 자연 상태에서는 항생제 내성 유전자가 플라스미드에 실린 채 다른 미생물로 옮겨가 순식간에 내성균의 숫자를 증가시킬 수도 있답니다.

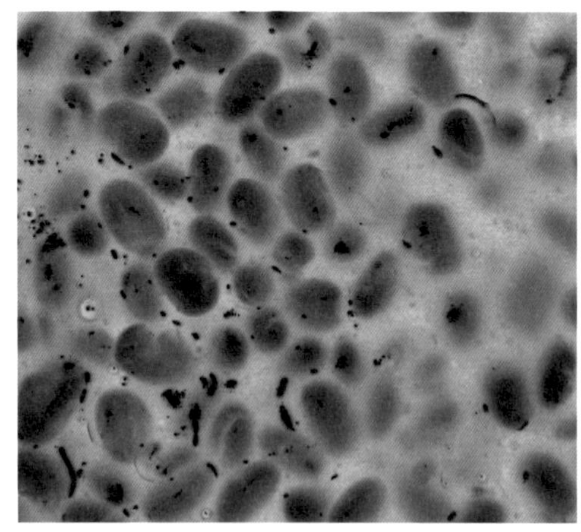

현미경을 통해 본 미생물

02

미래의 식탁은 우리가 점령한다

유전자 변형 작물

생물들은 수십억년 동안 끊임없이 돌연변이를 통해
유전자를 바꾸고 변형시켜 왔습니다.
하지만 인간의 개입은 이 속도를 엄청나게 빠르게 만들고 있지요.

• • •

여러분은 식품 중에 'GMO-free'라는 라벨이 붙은 식품을 본 적이 있나요? GMO-free라니 이게 무슨 뜻일까요? 영어에서 free는 '자유로운'이라는 뜻이지만, '~로부터 자유롭다'는 것은 그것이 '없다'는 뜻이기도 합니다. sugar-free는 우리말로 무설탕이며, fat-free milk는 탈지 우유가 되겠지요. 그럼 GMO-free란 말 그대로 GMO가 없다는 뜻일 텐데, 그렇다면 과연 이 GMO는 무엇을 가리킬까요?

GMO는 Genetically Modified Organisms의 약자로 원래 가지고 있던 유전자를 조작하거나, 새로운 유전자를 끼워 넣거나, 혹은 필요 없거나 해가 되는 유전자를 제거해 만든 개체를 의

미합니다. 우리말로는 '유전자 변형 작물'이라고 번역할 수 있습니다. 이 GMO가 주로 논의되는 곳은 농산물 쪽이니까 이 글에서는 'GMO=유전자 변형을 통해 만들어진 작물'이라고 간주하고 이야기를 풀어가도록 하지요.

유전자 재조합 기술의 시작

GMO를 이야기하려면 먼저 유전자 재조합이 가능해진 역사적 배경부터 살펴봐야 합니다. 1953년 왓슨과 크릭이 이중나선 모양으로 꼬여 있는 DNA의 구조를 알아내면서 생물체의 유전물질이 DNA라는 사실을 확실히 밝혔습니다. 그런데 이 지구상에 존재하는 모든 생물체가 유전물질로 DNA를 갖는답니다. 사람이든 고양이든 옥수수든 바퀴벌레든 대장균이든 말이죠. 생물의 유전 정보는 모두 동일한 DNA라는 레고 블록으로 지어진 다른 결과물인 셈입니다. 그렇다면 사람의 DNA 조각을 빼내서 대장균에 넣거나 그 반대로 대장균의 DNA를 사람에게 넣어도 되지 않을까요? 이런 생각이 바로 분자생물학의 토대가 됩니다.

그러나 실제로 DNA 재조합이 가능해진 것은 20여 년이 지나서였습니다. 유전자를 재조합하려면 DNA를 마음대로 자르고 이어 붙일 수 있어야 하거든요. 예를 들어, 유전공학의 꽃인 '파란 장미'를 만들어내는 프로젝트를 시작한다고 합시다. 이를 위해 파란색을 띠는 꽃(닭의장풀이나 페튜니아 등)에서 파란 색소를 만드는 유전자를 잘라낸 뒤에, 장미 염색체를 잘라서 틈을 벌려 여기에 파란 색소 유전자를 끼워 넣어야 합니다. 따라서 DNA를 마음대로 자르고 이어 붙일 수 있는 가위와 풀이 반드시 필요합니다.

파란 장미
2004년 일본에서 '파란 장미'가 개발되었다고 대서특필되었습니다. 일본 주류업체인 산토리사와 호주 바이오 벤처 플로리진이 공동으로 개발했지요. 이 파란 장미는 파란색 팬지에서 청색 유전자를 추출해 장미에 주입하는 방식으로 만들어졌습니다.

먼저 풀이 발견되었습니다. 1967년에 겔러트Gellert가 조각난 DNA를 이어 붙일 수 있는 풀인 DNA 리가아제DNA ligase를 발견했거든요. 쓸모 있는 가위는 1970년 미국의 생물학자 스미스Hamilton Othanel Smith, 1931~와 네이선스Daniel Nathans, 1928~1999가 발견했습니다. 사실은 이전에도 DNA를 자르는 물질은 알려져 있었으나, DNA를 마구 잘라버려 조각내기 때문에 별로 쓸모가 없었죠. 그러나 스미스와 네이선스가 발견한 유전자 가위인 제한효소는 아무 데나 막 자르는 것이 아니라, DNA에서 일정한 염기 서열을 인식해 딱 그 부분만 자르는 특징이 있습니다. 예를 들어 대장균에서 발견된 EcoRI라는 제한효소는 DNA에서 일정 염기 서열

GAATTC 부분만 찾아서 위의 그림과 같은 모양으로 자르거든요. 이후 여러 종류의 제한효소가 개발되어 DNA에서 원하는 부위를 자르는 것이 더 수월해졌습니다.

5'-G|AATTC-3'
CTTAA|G

대표적인 제한효소 EcoRI이 DNA를 잘라내는 모양입니다.

1970년대 이후 많은 사람이 여러 가지 제한효소를 찾아냈고, 이를 이용해 원하는 부위의 유전자만 잘라서 원하는 부위에 갖다 붙이는 것이 가능해졌습니다. 여러 면에서 제한효소의 발견은 매우 획기적인 일이었습니다. 이 공로로 스미스와 네이선스는 1978년 노벨 생리의학상을 받았지요.*

이로써 본격적인 유전자 재조합의 가능성이 열렸습니다. 처음에 이런 사실이 알려지자 많은 사람이 두려움에 빠졌습니다. 혹시나 유전자 변형으로 전에 없던 괴물이나 이상한 돌연변이가 나타나지 않을까, 신의 피조물인 생명체를 인위적으로 바꾸는 것은 신성모독이 아닐까라는 생각이 든 것이지요. 그래서 1975년에는 몇몇 사람들이 유전자 재조합 실험을 금지해달라는 탄원서를 정부에 제출하기도 했습니다. 그런데 지금은 어떨까요? 유전자 변형의 무한한 가능성은 이런 반대에 묻힐 만큼 파장이 작지 않았습니다.

---

* 최근 들어 크리스퍼(CRISPR)라는 새로운 유전자 가위가 개발되어 DNA 부위 중 어디든 얼마든지 자를 수 있게 되었습니다.

유전자 변형의 무한한 가능성

어떻게 유전자를 변형하는지 간단히 살펴볼까요? 최초로 성공한 유전자 변형 생명체인, 인슐린을 생산하는 대장균을 만드는 방법을 알아봅시다.

당뇨병은 췌장에서 분비되는 인슐린이 제대로 기능하지 않아 혈당 조절이 되지 않는 질병으로, 인슐린 보충 요법이 매우 중요합니다. 그러나 이전에는 인슐린을 만들 수 없어 기증받은 시신이나 가축 사체의 췌장에서 인슐린을 추출했습니다. 그래서 값도 매우 비쌀 뿐 아니라, 이 과정에서 병균 전파나 면역 거부 반응 등의 문제가 나타났습니다. 하지만 유전자 변형이 가능해지자 인간의 염색체에서 인슐린 유전자를 잘라내 대장균의 염색체에 끼워 넣을 수 있게 되었습니다.

자, 대장균은 보통 20분 만에 한 번씩 분열합니다. 반면 유전자 재조합을 거친 대장균 한 마리는 한 시간 후에는 여덟 마리, 10시간이 지나면 1억 3,421만 7,728마리로 불어납니다. 따라서 플라스크에 영양액을 붓고 사람의 인슐린 유전자가 들어간 대장균을 넣어준 뒤, 사람의 체온과 비슷한 37도로 설정된 배양기 속에 놓아두면 대장균은 삽시간에 불어나 플라스크 가득 인슐린을 만들어놓습니다. 이제 인슐린 만드는 일은 누워서 떡 먹기입니다. 대장균이 인슐린을 만들어 토해놓은 영양액을 수거하고 새 영양액만 부어주면 대장균은 끊임없

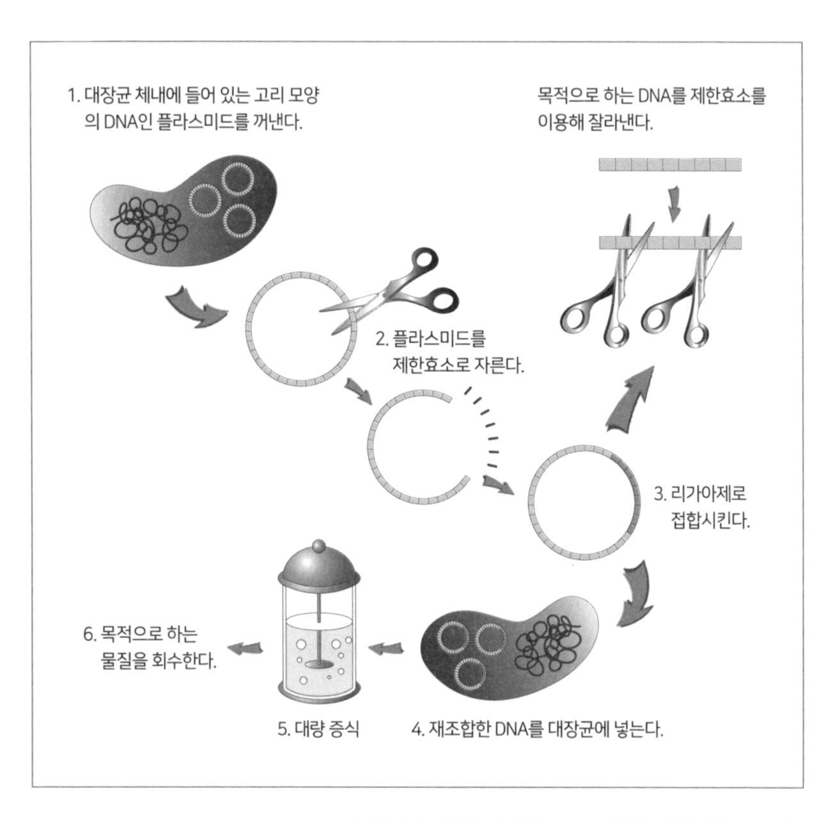

대장균을 이용한 인슐린의 대량생산 과정입니다.

이 인슐린을 만들어낼 테니까요. 1978년 미국의 제넨텍사社가 최초로 대장균에서 인슐린을 합성한 이래, 이 기술은 유전자 재조합의 가장 대표적인 성공 사례로 꼽히고 있습니다.

이런 무한한 가능성을 지닌 유전자 재조합 기술을 과학자나 기업이 그냥 놔둘 리가 없었죠. 이후 유전자 재조합 기술은 식물에까지 영향을 미쳐 식량 생산에 변화를 가져오기 시작합니다.

유전자 변형 작물의 등장

"토마토는 수확하면 금방 물러져서 팔 수가 없네. 물러지지 않는 토마토는 없을까?"

"어휴, 논에 김매느라 허리가 다 휘네. 제초제가 벼는 빼고 다른 잡초만 제거해주면 얼마나 좋을까?"

"이런, 잎에 또 벌레가 생겼잖아! 벌레 안 먹는 콩은 없을까?"

농사짓는 분들이라면 누구나 이런 고민에 동감할 것입니다. 식량 생산이 우리 가족만의 자급자족을 넘어서 시장에서 팔리는 상품이 되자, 좀 더 많이, 좀 더 좋은 농산물을 생산할 방법이 연구되기 시작했습니다. 물론 더 큰 열매가 열리고, 더 수확량이 많고, 더 튼튼한 개체를 섞어서 더 좋은 품종을 만들어내는 시도는 수천 년 전부터 계속되어왔습니다. '육종breeding'이란 방법으로 말이죠. 그러나 유전자 재조합 기술이라는 도구를 쥔 사람들은 오랜 시간이 걸리는데다가 획기적인 변화를 가져오지도 못하는 육종 대신에 GMO*, 즉 유전자 변형 작물을 만들어내기에 이릅니다.

세계 최초의 유전자 변형 작물은 1994년에 미국의 칼진사社(1996년에 다국적 기업인 몬산토에 인수됨)에서 만들어낸 무르지 않는 토마

* 최근 들어 GMO 외에 LMO라는 단어도 사용되고 있습니다. LMO(Living Modified Organism)는 '살아 있음(Living)'을 강조하는 용어로 GMO와 의미가 같습니다. 해외에서는 유전자 변형 생명체 자체는 'GMO'로, GMO에서 유래된 식품은 'GM food'로 구분하기도 합니다.

토(상품명: Flavr Savr)입니다. 미국은 땅이 넓어서 농장에서 토마토를 따서 소비자에게 판매하기까지 시간이 꽤 걸려 이 시간 동안 토마토가 물러 터지는 경우가 많았답니다. 그래서 탄생한 것이 오랜 시간 놓아두어도 물러지지 않는 토마토였죠. 그런데 이 토마토는 실패작이어서 결국 시장에서 밀려났습니다. 물러지지 않아서 좋은데 시장에 도착할 때까지도 익지 않았던 것입니다. 다시 호르몬 처리를 해서 토마토를 익히는 수고를 들여야 하는데다가 일반 토마토에 비해 맛도 떨어졌습니다. 이는 유전자 변형 작물로 개발된다고 하더라도 시장성이 없으면 사라질 수 있다는 말입니다.

이후 등장한 유전자 변형 작물들은 제초제 저항성이나 장기 보관성뿐만 아니라 작물의 맛도 개선해 빠른 속도로 재배 면적이 늘어났습니다. 농민의 입장에서는 병충해에도 강하고, 잡초 제거도 쉽고, 수확량도 많고, 보관도 편리한 유전자 변형 작물을 거부할 이유가 없었으니까요.

"GMO 작물,
식량 위기의 게임 체인저가 될 것인가"

GMO 작물의 도입은 처음부터 농업생산성을 높여 기아 해결과 식량 문제 해결에 있어 게임 체인저가 될 것이라 기대되었습니다.

1996년 몬산토사에서 개발한 제초제저항성 콩Round-up Ready Soybean이 대규모 상업적 재배를 허가받을 수 있었던 이유는 이 때문이었죠. 실제로 국제농업생명공학정보센터ISAAA는 1996년 이후 20년간 GMO 덕분에 세계적으로 평균 농작물 수확량이 22% 증가했으며, 이에 따라 농가 수익도 68%인 약 168조 달러나 증가했기에 GMO 작물의 재배가 식량 위기 해결에 도움을 주었다고 발표했습니다. 그런데 반대의 결과를 주장한 곳도 있습니다. GM 작물 재배로 수익이 증가한 것은 사실이지만, 이 수익은 농가가 아니라 주로 GM 작물을 개발한 생명공학회사가 독점하여 불평등을 더 심화시켰다는 주장도 있습니다. 또한 GM 작물들의 대다수가 식량용이 아니라는 사실에 주목하기도 합니다. 전 세계 GM 작물 재배면적은 2018년 기준, 1억 1,170만 ha에 달하는데, 콩(47%), 옥수수(32%), 면화(15%), 캐놀라(5%)가 전체의 99%를 차지하고 있습니다. 전세계인의 주요 식량 작물인 쌀과 밀은 이 리스트에서 빠져 있으며, 옥수수와 콩의 경우에도 식량용이 아니라 주로 가축 사료용으로 재배되고 있기에 기아 문제의 본질적 해결에는 그다지 도움이 되지 않는다는 주장도 있습니다. 지난 30여년 간, GM 작물은 다양하게 개발되었고 그 면적 역시 확대되었으며, 이로 인해 생산량이 늘어난 것은 사실입니다. 그런데 그 늘어난 생산량이 실제로 굶주리는 사람들을 비극에서 구해냈는지에 대해서는 사람들의 의견이 갈리고 있습니다.

그러자 찬성 측에서는 GM 작물의 다양화와 재배 면적의 확대는 단지 기근에 처한 사람들을 살려내는 1차적 구호 활동을 넘어서 영양 불균형에 따른 장기적이고 만성적인 위해성을 제거하는데도 효과적이라고 주장합니다. UN에 따르면 전세계 개발도상국 20억명의 인구가 '보이지 않는 기아'에 시달리고 있다고 합니다. '보이지 않는 기아'란 열량 섭취 자체는 부족하지 않으나, 영양소의 불균형으로 인한 만성적 영양실조와 질병 발생 위험의 증가에 노출된 이들의 상태를 일컫는 말입니다. 이로 인한 대표적인 질환으로는 단백질 부족에 의한 콰시오커(단백질 부족으로 인한 영양실조 증상), 철분 부족에 의한 빈혈, 칼슘과 비타민D 부족에 의한 구루병, 비타민A 부족에 의한 실명 등이 있습니다. 찬성론자들은 이런 질병들은 비타민A와 철분을 강화한 GM 쌀, 단백질 함량을 3~5배 높인 GM 고구마 등으로 예방할 수 있으니, 기능성 GM 작물의 확대가 더 많이 필요하다고 주장하지요.

반면 반대론자들은 영양 불균형의 문제는 기술이 아닌 정치로 해결이 가능하다고 주장합니다. 원래 쌀에는 비타민A와 철분이 부족하기 때문에 쌀만을 주식으로 삼는 경우, 열량 섭취는 충분해도 시력저하와 빈혈에 노출될 수 있습니다. 이를 해결하는 가장 좋은 방법은 쌀에 강제로 비타민A를 추가하는 것이 아니라, 비타민A와 철분이 풍부한 다른 식품들, 즉 당근과 시금치, 물고기와 우유를 먹을 수 있도록 지원하는 것이 더 효과적이며, 더 윤리적이라는 것입니다. 게다가 이미 쌀로만 이루어진 단조로운 식단을 영양소 추가 쌀을 이용해 계속해서 강요하는 것 자체가 그들에게 또 다른 폭력이 될 수도 있습니다. 잡식동물인 인간은 다양한 음식을 즐기고 누릴 권리가 있는데, 기능성 GM 작물의 확산은 오히려 이를 저해한다는 것이죠.

어떻게 나누어야 할까

장 지글러는 『왜 세계의 절반은 굶주리는가?』에서 녹색혁명의 성공으로 이미 1984년을 기점으로 지구 전체의 농업생산력은 전세계 인구 수를 훨씬 상회하는 120억명을 먹여 살릴 수 있는 규모로 성장했기에 기아와 식량 위기의 문제는 과학과 기술이 아니라, 정치의 문제라 주장한 바 있습니다. 지금은 예전처럼 지역 주민들이 먹을 작물을 자급자족하기 위해 농사를 짓는 것이 아니라, 특정 작물만을 대량

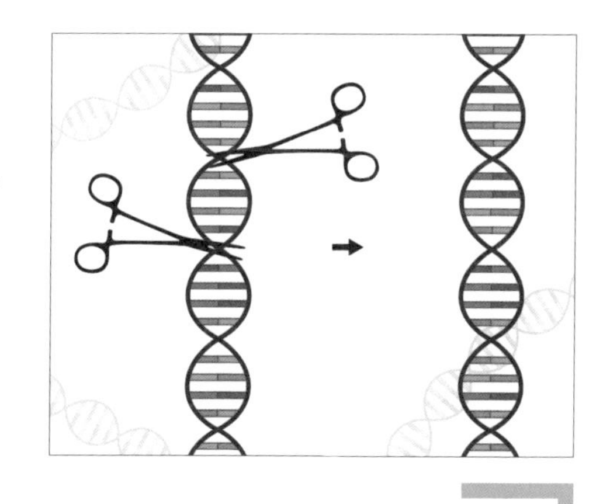

길고 복잡한 DNA의 특정 부분만을 골라서 잘라낼 수 있는 성능 좋은 유전자 가위의 등장은 유전자를 자유자재로 편집할 수 있는 가능성을 가져왔습니다.

자연 건강식 휴가
유전자 변형 작물을 사용하지 않은 자연의 음식과 휴가를 즐기라는 광고인데요. 크로아티아 농무성에서 제작해 유포했다고 합니다. 유전자 변형 작물이 논란의 대상이 되자 자연식이 광고거리가 되었습니다.

으로 재배해 전세계적으로 교환하기 위해 작물을 재배합니다. 집 앞 논에서 쌀농사를 짓고 텃밭에서 키운 배추와 고추를 재배해 김치를 직접 담그는 것이 아니라, 마트에 가서 우크라이나 밀로 만든 빵과 케냐 커피, 칠레 포도와 미국 오렌지를 사 먹는 것에 익숙해져 있다는 겁니다. 농사를 짓는 이들은 먹기 위해서가 아니라 팔기 위해서 작물을 재배하므로, 최대한 많이 생산해서 가능한 비싼 값에 팔려고 합니다. 그러니 생산량이 아무리 늘어도 분배는 여전히 공평하기 어렵습니다. 이 과정에서 GM 작물은 어떻게 쓰느냐에 따라 이 부당함을 더 확대시킬 수도 있고, 불공평함을 상쇄시킬 수도 있습니다. 해당 지역에 맞는 GM 작물을 개발해 다양화시키고, 척박한 환경에서도 더 잘 자라는 작물이나 영양소가 강화된 작물을 개발해 식량 주권을 확보하는 노력은 긍정적으로 작용하겠지요. 또한 GM 작물에 항상 따라붙는 안전성에 대한 우려도, 기존의 외부 유전자 도입 방식 외에도 RNA 활성 조절법, 크리스퍼 유전자 가위를 통한 유전자 편집법 등 다양한 접근 방식을 통해 극복할 수 있을 겁니다. 무엇보다도 중요한 건 이 기술을 우리가 어떤 방향으로 이끌어나갈 것인지를 합의하는 것입니다.

분자생물학의 거장 왓슨과 크릭을 만나다

DNA 이중나선 모형을 발견한 왓슨과 크릭. 1953년 두 사람은 과학 전문 잡지 「네이처」에 'DNA는 두 가닥의 핵산이 서로 꼬인 나선형의 사다리 구조를 이루고 있다'고 밝힌 역사적인 논문을 발표했습니다. 생물학을 전공한 왓슨과 물리학을 전공한 크릭이 과학사에서 가장 뛰어난 공동 연구를 탄생시킨 것이죠. 이를 계기로 두 사람은 '무생물과 생물은 전혀 다르고, 생물은 너무 복잡해 물체에 적용되는 과학 법칙으로는 설명할 수 없다'는 기존의 고정관념을 타파했습니다. 인류는 세상에서 가장 정교한 설계도인 DNA의 화학적 본질을 규정함으로써 유전자를 조작하고 옮길 수 있게 되었습니다. 이 DNA 재조합 기술은 21세기의 화두로 떠오른 유전공학과 의료 분야에서 큰 성과로 남았습니다.

그럼 왓슨과 크릭에 대해 좀 더 알아볼까요?

왓슨과 크릭

왓슨James Dewey Watson, 1928~은 미국 시카고에서 태어나 유전학을 전공한 분자생물학자입니다. 15세에 시카고대학에 입학할 만큼 수재였던 왓슨은 25세 때인 1953년 영국 유학 중에 크릭과 함께 DNA 이중나선 구조를 발견해 분자생물학의 아버지가 되었습니다. 왓슨은 이 공로로 1962년 크릭과 함께 노벨상을 받았지요.

크릭Francis Harry Crick, 1916~2004은 영국의 분자생물학자입니다. 원래는 케임브리지대학에서 물리학을 연구했습니다만, 이론물리학자 슈뢰딩거의 『생명이란 무엇인가』를 읽고 물리학에서 생물학으로 전공을 바꾸었다고 합니다. 지금은 분자생물학의 창시자이자 가장 위대한 분자생물학자로 불리고 있지요. 크릭은 DNA의 구조뿐 아니라 DNA 배열 순서의 변화, DNA에서 단백질 합성이 일어나는 메커니즘에 관한 연구에서도 큰 업적을 남겼습니다.

두 사람의 우정은 1951년 케임브리지대학의 카벤디시 연구소에서 시작되어 이후로도 오랫동안 유지되었다고 합니다.

03

자궁을 벗어난 생명 탄생의 신비

시험관아기의 탄생

과학의 발달 덕분에 아이를 낳을 수 없어 고민하던 사람들에게
사랑의 결실을 얻게 해주는 건 매우 환영할 만한 일입니다.
그러나 이런 시도들이 무분별하게 시행되면서 윤리적·법적 근거가
제대로 마련되지 않아 심각한 사회문제를 가져오기도 합니다.

• • •

'행복한 가정'을 떠올리면 정답처럼 그려지는 모습이 있습니다. 밝게 웃는 부모와 아이(들)로 구성된 가족의 모습이지요. 하지만 최근 들어 출산율이 가파르게 하락하고 있는데, 이는 아이를 키우기 어려워지는 생활환경과 아이가 아닌 나 자신에게서 삶의 의미를 찾으려는 인식의 변화 때문입니다. 결코 아이가 싫어서 그런 것이 아니랍니다. 귀여운 아이의 모습은 여전히 우리에게 행복감을 불러일으킵니다. 그렇지 않다면 그 많은 육아 예능 프로그램이 꾸준히 만들어지지는 않았겠지요.

하나의 생명이 태어나기까지

한편 이와 달리 아이를 낳지 못하고 뒤돌아서서 가슴 아파하는 사람도 생각보다 많습니다. 아이를 원하는 부부의 약 10% 정도가 임신과 관련해 이런저런 문제를 겪는다는 통계가 있을 정도지요. 보통 피임을 하지 않는 부부에게서 1년 내 아기가 생기지 않는다면 난임을 의심해야 한다고 합니다. 난임의 원인은 남녀 불문하고 누구에게나 있을 수 있고 종류도 다양하답니다.

임신이란 난자와 정자가 만나 수정란이 되고 이것이 자궁에 착상한 뒤 일정 기간(약 38~40주) 동안 성장한 다음 아이가 태어나는 과정을 말합니다. 이 과정 가운데 정자, 난자, 수정, 착상, 임신 지속 중 한 가지라도 이상이 생기면 아이는 태어날 수 없습니다.

산업사회 이전에는 아이의 의미가 매우 중요해 심지어 아이를 낳지 못하는 것을 '대가 끊긴다'는 이유로 매우 두려워했습니다. 그래서 아이(또는 아들)를 낳지 못하는 부인을 집에서 쫓아내는 것을 당연히 여기는 풍속이 있었습니다. 심지어 여성은 결혼하고도 아기 엄마가 되기 전까지는 정식 식구로 인정해주지 않을 정도로 당시에는 아이가 차지하는 의미는 매우 컸습니다. 이러니 아이가 없는 사람들은 전국의 유명 사찰이나 불상에 기원을 드리거나 아기를 낳게 해준다는 각종 주술에 매달렸고, 음성적이고 불법적인 시도를 하는 경우도 있었다고 합니다.

그러나 현대에 이르러서는 과학의 힘을 빌려 아이를 얻고 싶은 간절한 이들의 소망이 해결되고 있습니다. 일단 난임으로 판단되면 어느 쪽에 문제가 있는지 파악해서 문제점을 보완하는 과정에 들어갑니다. 만약 정자의 수가 부족해 임신이 되지 않는다면, 자궁 내 인공

수정 방법을 이용합니다. 정자는 보통 1회 사정 때 4,000만 마리 정도가 포함되어 있어야 정상적인 수정이 가능합니다. 수정란을 만드는 데 필요한 정자는 단 한 개뿐이지만 사정된 정자의 99.9%가 질과 자궁 경부를 통과하지 못하고 죽어버리기 때문에 이보다 수가 적으면 수정되기까지 살아남는 정자가 거의 없게 되거든요. 숫자가 충분하더라도 정자의 운동성이 떨어지면 제대로 수정되지 못해 난임으로 이어질 수도 있습니다. 정자가 부족할 때 사용되는 인공수정 방법은 정자를 일정 수 이상 확보한 뒤, 여성이 임신 가능한 시기(배란기)에 자궁 내로 관을 통해 직접 넣어주는 것입니다. 게임에 비교한다면, 중간 장애물을 모두 건너뛰는 치트키를 이용해 최종 목적지에 바로 도달하는 것과 비슷합니다. 이 방법은 정자 수가 부족할 때만이 아니라, 가벼운 질의 이상이나 기형, 점액 부족으로 인한 난임에도 효과적이라고 합니다. 성공률은 15% 정도로 좀 낮은 편이지만 별다른 처치가 필요 없고 시술하는 비용이 낮은 편이라, 1차적인 난임 시술로 많이 이용됩니다.

하지만 이런 방식으로도 임신이 어려울 때는 흔히 '시험관 아기 시술In vitro fertilization'이라는 보조생식술의 도움을 받아야 합니다.

시험관아기는 시험관에서 자라는 걸까?

'시험관아기'란 난자와 정자를 채취해 체외에서 수정 및 배양을 시킨 후 다시 자궁 안으로 넣어 임신시키는 방법입니다. 정확히는 '체외수정보조생식술'이라고 하지만, 시험관아기라는 말이 더 익숙하니 이를 그대로 사용하기로 하지요. 정자에 이상이 있어서 인공수정을 할 수 없거나 여성의 난자와 자궁에 이상이 있어 정상적인 임신이 불가능한 경우에도 가능한 방법입니다. 다만 생식세포를 몸 밖, 즉 시험관에서 수정시켜 다시 자궁으로 돌려보내준다는 의미에서 '시험관아기'란 용어가 붙은 것이지, 시험관에서 아기를 키운다는 말은 아닙니다.

시험관아기 시술의 첫 번째 과정은 난자와 정자를 채취하는 것입니다. 정자야 비교적 쉽게 채취할 수 있고 숫자도 많아 별 문제가 없지만, 난자는 조금 힘듭니다. 여성의 난소에는 덜 자란 상태의 난자들이 들어 있는데, 월경 주기마다 호르몬의 변화에 따라 그중 단 한 개의 난자만 성숙해진 다음 난소에서 배출됩니다. 이것을 배란排卵, ovulation이라고 합니다. 그러나 시험관아기 시술에서는 성공률을 시술 중 죽거나 기능이 떨어지는 난자의 개수를 감안해 이보다 많은 수의 난자가 필요하곤 합니다. 하지만 우리의 몸은 내가 필요하다고 해서 난자가 많이 만들어지지 않습니다. 그러니 배란 유도제라는 일종의 호르몬을 과다하게 투여해 난소가 한꺼번에 여러 개의 난자를 배출하도록 억지로 자극해야 합니다. 이것을 '과배란 유도 과정'이라고 하지요. 배 속에서 이루어지는 이 과정은 눈으로 확인할 수 없기 때문에, 과배란이 제대로 되었는지 확인하기 위해 여러 번 초음파 검사와 혈액 검사를 받아야 합니다. 난자는 배란 이후 24시간밖에 생존하지 못하기 때문에 배란일을 하루만 놓쳐도 그동안의 노력이 헛수고가 되거든요.

배지

시험관아기 시술에 사용되는 배지입니다. 수정란의 조직을 배양하기 위해 영양을 공급하고 특수한 목적을 위한 물질도 혼합하지요.

이렇게 촉각을 곤두세우다가 드디어 난자가 배란이 되면, 마취를 하고 긴 주사바늘을 이용해 난소에서 난자를 하나하나 채취합니다. 이날 이후, 여성은 임신에 대비해 프로게스테론progesteron이라는 호르몬 주사를 2주간 매일 맞아서 자궁을 수정란이 착상하기 좋도록 만들어야 합니다. 원래 프로게스테론은 배란 이후 수정란이 착상하는 시기에 우리 몸에서 스스로 생성되어 수정란 착상과 임신 유지를 돕는 호르몬이지만, 이 경우는 수정 과정이 몸 밖에서 이루어지기 때문에 인공적으로 주사해서 성공적인 착상을 돕는 것이죠.

자, 정자와 난자가 모두 준비되었습니다. 이제 정자와 난자를 수정시켜 하나로 만들어 자궁으로 되돌려보내야 합니다. 대부분의 경

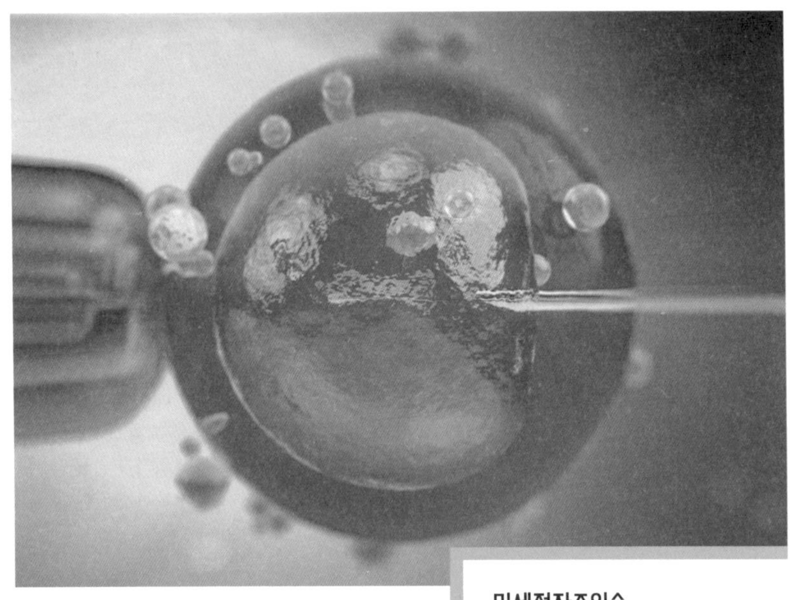

미세정자주입술
정자를 하나씩 붙잡아서 난자에 직접 찔러 넣어주는 시술법입니다.

우 적당한 환경에서 난자와 정자를 섞어주면 정자는 본능적인 프로그램대로 난자에 돌진해 난자를 싸고 있는 난막을 뚫고 들어가 도킹에 성공합니다. 하지만 운동성이 약해 정자는 난막을 뚫고 들어갈 능력이 부족해 난임이 되는 경우도 있답니다. 이럴 경우는 화학적인 약물로 난막을 물렁물렁하게 만들어주거나, 인위적으로 난막에 구멍을 뚫어 직접 정자를 집어넣는 방법을 이용해 수정시키기도 합니다. 이를 '난자내정자주입술'이라고 하지요. 이렇게 수정된 수정란은 시험관에서 3~5일 정도 세포 분열시킨 뒤 포배기 즈음에 자궁으로 주입해 이식합니다.

시험관아기 시술은 여간 번거로운 일이 아닙니다. 일단 과배란에서 난자 채취, 수정과 착상의 과정을 하나하나 매일매일 실시하는 것이 힘들고, 비용도 많이 듭니다. 다행스럽게도 최근에는 저출산 지원 대책의 하나로 최대 8회까지 시술비의 일부를 지원하고 있어서 경제적 부담은 많이 줄어들었지만, 이 과정에서 여성이 겪어야 하는 불편함과 고통은 여전하지요. 이렇게 모든 조건을 갖추었음에도 성공율은 30% 내외이므로, 여러번 되풀이해야하는 경우도 많습니다. 시술할 때마다 이 모든 과정을 되풀이해야 하므로 여성에게 가해지는 신체적·정신적 부담도 매우 심하지요. 어쨌든 이렇게라도 두 사람의 유전자가 골고루 섞인 아이를 얻고자 하는 노력은 가상할 정도입니다.

생식 의학의 발전과 난임 치료, 과연 희망만 있는가

예전에는 난임의 책임을 전적으로 여성에게 돌리는 경우가 많았죠. 하지만 근래 들어 남성에게 상당수 난임의 원인이 있다는 사실이 밝혀져 죄 없는 여성을 궁지로 몰아넣는 일도 많이 사라졌습니다. 그래서인지 오히려 여성 생식력의 중요성이 조금은 간과되고 있다는 느낌이 듭니다. 포유류의 특성상 자손을 얻기 위해 남성은 자신의 생식세포만 제공하면 되지만, 여성은 생식세포와 함께 그것이 자랄 공간과 시간을 모두 제공해야 합니다. 즉, 난자만 무사해서도 안 되고 자궁만 무사해서도 안 되는 것이죠. 난자를 제공하고 자궁에 착상시켜 열 달 동안 키워야 하기 때문에, 여성이 난임인 경우에는 문제가 상당히 복잡해집니다.

만약 자궁이나 난소 중 어느 하나라도 문제가 있다면 다른 사람의 몸을 빌려야 합니다. 난소를 잃은 사람은 난자 공여자로부터 난자를 얻어야 하고, 자궁에 이상이 있을 때는 타인의 수정란을 이식받아 대신 아이를 낳아주는 대리모代理母, surrogate mother에게 자궁을 빌려야 합니다. 난자 공여자와 대리모 문제까지 더해지면 상황은 상당히 복잡해집니다.

과학의 발달 덕분에 아이를 낳을 수 없어 고민하던 사람들에게 사랑의 결실을 얻게 해주는 건 매우 환영할 만한 일입니다. 그러나 이런 시도들이 무분별하게 시행되면서 윤리적·법적 근거가 제대로 마련되지 않은 경우에는 심각한 사회문제를 가져오기도 합니다.

지금껏 엄마가 자신의 핏줄이 아닌 아이를 낳는 경우는 없었습니다. 아기는 엄마의 배 속에서 달을 채웠고 태어나서 엄마와 연결된 탯줄을 직접 확인시켜줬으니까요. 그러나 지금은 피 한 방울 섞이지 않은, 유전학적으로는 완전히 남인 아이도 내 배 속에서 열 달 동안 키워서 낳을 수 있고, 유전적으로 나와 일치하는 내 아이를 남의 몸에서 낳을 수도 있는 세상이 되었습니다.

인간도 생명체인 만큼 자신의 후손을 간절히 원하지만, 간절함이 충족되지 않을 때 인간은 자신의 두 손으로 운명을 개척하길 마다하지 않았습니다. 간절함이 과학의 힘을 만날 때 꿈은 이루어질 수 있었지만, 때로는 의도하지 않은 결과가 발생하기도 합니다.

1978년 영국에서 최초의 시험관아기 루이스 브라운이 태어난 이후, 전 세계적으로 수십만 명이 넘는 시험관아기가 태어났습니다. 실제로 시험관아기의 성공은 20세기 가장 위대한 기술적 발전으로 꼽히기도 하죠. 그런데 시험관아기 시술은 부모가 되고 싶은 사람들에게 아기를 안겨주는 획기적인 시술이지만, 동시에 법적으로는 부모가 아닌 사람에게서 정자와 난자를 증여받아 아이를 얻어서 생물학적 부모와 법적 부모가 다른 일도 종종 일어나고 있습니다.

물론 이전에도 아이를 낳은 부모가 아기의 친권을 포기하고 양부모가 아이를 키우는 경우가 있었습니다. 하지만 입양과는 달리 생식세포 증여와 대리모 문제는 더욱 복잡합니다. 이런 방식을 사용하면, 최대 5명의 부모를 가진 아이가 태어날 수 있습니다. 난자와 정자를 제공한 생물학적 부모, 자궁을 빌려준 대리모, 이들에게 출산을 의뢰한 법적인 부모 등 이렇게 해서 말이죠. 다섯명 모두 아기의 출생에 직간접적으로 기여했지만, 아기의 친권이 이 모두에게 주어지는 건 아니니까요.

이런 문제가 더 큰 비극으로 이어지지 못하도록 세계 각국은 부랴부랴 이에 대한 허용 기준과 법적 근거를 만들어냈습니다. 우리나라는 '대리모'가 아직 불법도 합법도 아닙니다. 법적 기준이 따로 없기

BRITAIN'S BIGGEST EVENING SALE

Evening News

LATE SPECIAL
CITY PRICES

Meet Louise, the world's first test-tube arrival

SUPERBABE

시험관아기 루이스 브라운
1978년 영국에서 세계 최초의 시험관 아기가 제왕절개로 태어납니다. 루이스 브라운이라는 여자아이였지요. 지금은 이미 아이를 가진 엄마가 되었다고 합니다.

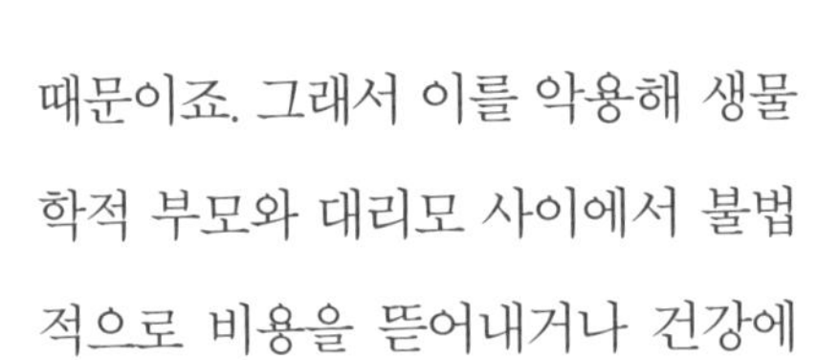

때문이죠. 그래서 이를 악용해 생물학적 부모와 대리모 사이에서 불법적으로 비용을 뜯어내거나 건강에 문제가 될 수도 있는 시술에 관한 정보를 정확히 알려주지 않아 문제가 되는 경우도 있습니다.

과학의 발전이 가져온 딜레마

현대 의학은 눈부시게 발전해 아이를 낳을 수 없는 사람들에게 아이를 안겨줄 수 있게 되었습니다. 하지만 이 과정에서도 여러 가지

문제가 발생합니다.

위에서 이야기했듯이, 이 분야는 생명을 다루기 때문에 조그마한 실수라도 그로 인한 결과는 엄청날 수 있습니다. 시험관아기 시술이 처음 시도되었을 때는 성공률을 높이려고 수정란을 너무 많이 넣는 바람에 세쌍둥이 이상의 다태임신이 많이 발생해 문제가 되기도 했습니다. 세쌍둥이 이상의 다태아는 조산 및 선천성 이상 발병 가능성이 매우 높아집니다. 아이를 태어나게 하는 사람의 건강도 최대한 고려해야 합니다. 그래서 지금은 엄마의 나이에 따라 수정란을 한 개 또는 최대 두 개까지 이식할 수 있도록 법이 바뀌었습니다. 임신도 중요하지만 아기가 건강하게 태어나는 것이 더 중요하니까요.

또한 시험관아기 시술은 여성에게 많은 부담을 지웁니다. 남성의 역할은 정자를 제공하는 일에서 끝나지만, 여성은 아이를 얻기 위해 매일매일 호르몬 주사와 혈액 검사를 위한 주사를 맞아야 하고, 난자를 채취하기 위해 배에 가느다란 관을 삽입하기도 합니다. 이렇게 고생해서 얻은 아이가 잘못되는 걸 막기 위해 절대로 과로해서도 놀라서도 스트레스를 받아서도 안 되기에(또는 그렇게 해야 한다고 주위에서 강요하기에) 여성은 인간으로서의 정체성을 잃고 아이를 낳기 위한 재생산의 도구처럼 간주되는 경우가 많습니다. 이 과정에서 여성은 스스로 살아 있는 인큐베이터가 된 기분이 들기도 하지요. 아이를 가지는 일은 어찌 보면 가장 내밀하고 소중한 과정인데, 이것이 '성공' 혹은 '실패'로 판가름되는 이상한 경주가 되어버려 혼란스럽기도 합니다. 그럼에도 많은 여성이 이 고통을 기꺼이 감내하면서 아이를 간절히 원하고 있습니다. 이 모습을 보면서 가끔은 불임부부에게 아이를 낳을 수 있게 해줄 만큼 발달한 과학이 도리어 여성에게는 아이를 낳기 위해 자신의 인생이 저당 잡히게 하는 구속으로 작용할 수 있다는 생각이 들기도 합니다.

저는 기본적으로 무엇이든 과학의 발전을 막아서는 안 된다고 생각합니다. 하지만 충분히 논의되지 않고 합의를 거치지 않은 과학의 결과가 사회로 돌아올 때, 도리어 과학의 발전이 인간의 행복을 막을 때가 있습니다. 그럼에도 조심스럽긴 하지만, 제 대답은 '예스'입니다. 어쨌든 선택의 기회는 주어졌고, 아예 대안이 없는 것보다는 고민스럽긴 해도 선택의 여지가 있는 것이 다행한 일이니까요.

과학은 무궁무진한 발전 가능성 때문에 자칫하면 엄청난 결과가 초래될 수도 있습니다. 과학의 결과는 신속히 사회에 알려져야 하며, 그 결과를 적용하는 데 가장 합리적이고 효율적인 잣대가 마련되는 과정도 거쳐야 합니다. 그래야 과학이 큰 부작용 없이 인간의 삶을 좀 더 풍요롭고 행복하게 만들어줄 수 있을 테니까요.

Science Episode

구글 베이비를 아시나요?

2009년, 한 편의 다큐멘터리 영화가 많은 이에게 충격을 안겨주었습니다. 이 영화의 제목이기도 한 '구글 베이비'는 과학의 발전과 세계화가 아이를 얻는 방식을 어떻게 변화시켰는지 여실히 보여주는 대명사입니다. 만약 당신이 아이를, 그것도 내가 바라는 형질을 모두 지닌 이상적인 아이를 얻고 싶다면 당신에게 무엇이 필요할까요?

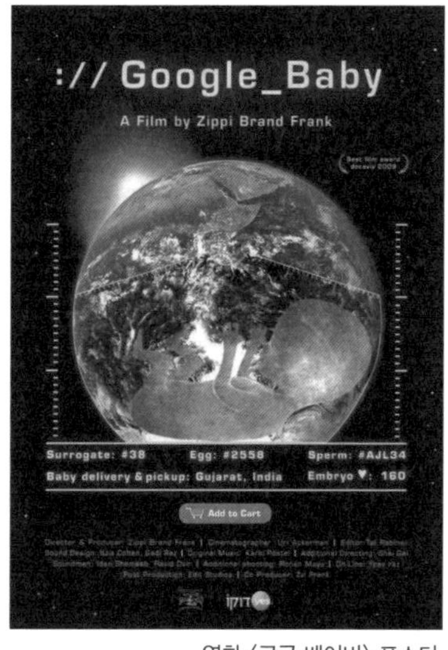

영화 〈구글 베이비〉 포스터

21세기에 이런 '꿈의 아이'를 얻기 위해 필요한 것은 구글링과 신용카드, 즉 정보와 돈뿐이라고 합니다. 인터넷을 조금만 뒤져보면 자신의 프로필을 내걸고 정자와 난자를 판매하는 사이트를 어렵지 않게 찾을 수 있습니다. 그러니 마음에 드는 형질(인종, 민족, 키, 머리카락 색, 눈동자 색, 지능, 체형 등)의 유전자가 담긴 생식세포를 구입할 수 있습니다. 그리고 대리모를 고용해 아이를 낳게 하면, 열 달 뒤에 당신에게 아이가 배달되어 옵니다. 이성을 만나고, 관계를 맺고, 임신 과정을 거쳐 출산에 이르는 모든 과정을 건너뛸 수 있습니다.

세계화 시대에는 이 모든 것을 대신해주는 대행사도 존재합니다. 약간의 구글링 능력과 잔고 한도가 충분한 신용카드만 있으면, 누구나 불법이 아닌 방법으로 —한 나라에서 불법이면 합법인 나라에 가서 하면 되니까요— 아기를 얻을 수 있습니다. 이 방식은 아이를 간절히 원하는 이들에게 합리적인 대안일까요, 아니면 생명공학이 만들어낸 자본주의의 단면일까요?

04

생명을 대체하는 기술, 그 빛과 그림자

장기이식의 발전

이제 인간은 자연이 인간이라는 종에게 주었던 재생력의 한계를
스스로 극복하는 과정을 거치고 있습니다. 생명에 필수적인
주요 장기를 잃으면 죽을 수밖에 없었던 한계를 넘어서
스스로의 몸을 고치고 바꾸어 생존을 보장하고 있다는 말입니다.

• • •

한 환자가 완치되어 퇴원합니다. 그를 담당한 의사는 건강을 회복한 환자에게 기분 좋게 인사합니다. 하지만 그날 밤, 멀쩡하게 퇴원했던 환자가 교통사고를 당해 다시 실려 옵니다. 담당 의사는 하루 만에 다시 찾아온 환자를 살리기 위해 애쓰지만, 상태가 심각한 환자는 곧 뇌사 판정을 받습니다. 그리고 의사는 갑작스런 비극에 슬퍼하는 가족에게 어려운 부탁을 하러 찾아갑니다. 뇌사자가 된 환자의 장기를 이식할 수 있도록 허락해달라고 말이죠. 말을 꺼내는 의사도, 그 말을 듣는 환자의 가족도 더 이상 말을 잇지 못합니다. 장기 기증은 숭고한 일이긴 하지만, 사랑하는 이를 지금 막 잃었는데 그 몸에서 장기를 꺼내라고 허락해야 한다니요!

이 이야기는 인기리에 방영된 드라마 〈슬기로운 의사 생활〉의 한 장면입니다. 우리나라에서는 지난 2000년부터 '뇌사자 인정 법안'이 적용되어 뇌사자의 장기 기증을 허용하고 있습니다만, 여전히 이에 대한 결정은 쉽지 않은 일입니다.

장기이식이란 무엇인가

장기이식이란 말 그대로 태어날 때 가지고 있던 본인의 신체 중 일부를 다른 장기로 바꾸는 것을 의미합니다. 현재 이식이 가능한 신체 부위는 심장·신장·간·폐·소장·췌장·각막·골수 등의 장기, 피부·뼈·인대·연골 등의 조직, 안면·사지와 같은 신체의 복합 조직 등 매우 다양하나, 일상에서는 장기이식이라는 말이 가장 흔하게 사용되고 있지요.

사람은 꼭 필요한 만큼의 장기를 가지고 태어납니다. 따라서 장기이식은 처음에 신체의 중요한 기능을 하는 내장 기관이 기능을 멈춰 더 이상 생명을 유지하기 힘든 경우에 한해서 이루어집니다. 물론 생명에 지장이 없는 이식(즉, 각막이나 피부 이식 등)도 자주 이루어지지만, 이런 경우에도 이식으로 삶의 질이 대단히 향상되기 때문에, 대부분의 장기이식은 절박한 상태에서 일어난다고 봐도 무방하겠지요.

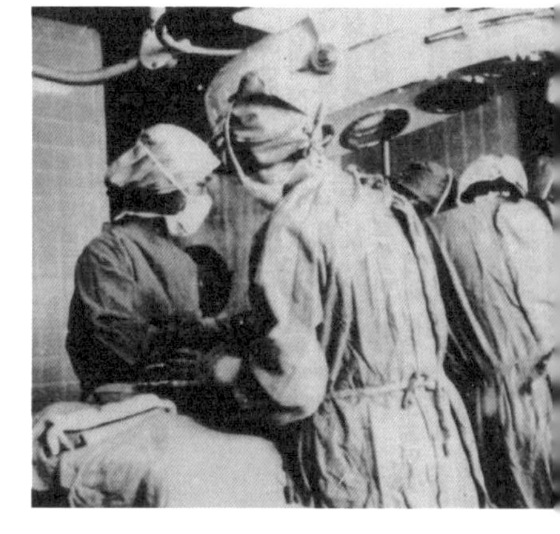

국내 최초의 신장이식 수술

1954년 세계 최초로 장기이식이 성공합니다. 미국에서 일란성 쌍둥이 사이에 신장이식이 성공한 이후에 국내에서는 이보다 15년 늦은 1969년에 신장이식이 성공합니다. 근래에 와서는 뇌사자의 장기이식이 활성화되었습니다.

최초의 장기이식은 1954년 미국에서 일란성 쌍둥이에게 시도된 신장이식입니다. 이후 우리나라에서는 1969년에 생체 신장이식이 처음으로 성공을 거두었고, 이후 장기이식은 본격화되어 한 해에도 수천 명의 사람들이 장기를 이식받아 소중한 생명의 불씨를 다시 피우고 있습니다. 현재 우리나라에서는 2000년에 설립된 국립장기조직혈액관리원이 장기이식에 관한 제반 업무를 맡고 있습니다.

장기 부족에 대한 다양한 대안

국립장기조직혈액관리원(www.konos.go.kr)에 따르면, 2021년 기준, 국내에서 이루어진 신장이식은 2,227건, 간 이식은 1,515건 등 총 5,842건입니다. 하지만, 장기이식을 기다리고 있는 대기자의 수는 8배가 넘는 48,459명입니다. 이중 신장이식 대기자는 기증자의 13배, 췌장이식의 경우 기증자의 40배가 넘는 등 실제 이식 현황과 기증 희망자 사이의 불균형은 심하게 한쪽으로 기울어져 있습니다.

이렇게 기증되는 장기의 숫자가 턱없이 부족하자, 사람들은 대체 장기의 가능성을 생각해냅니다. 그중 대표적인 것이 생체재료공학과 이종이식Xenotransplantation입니다. 생체재료공학이란 더 이상 기능할 수 없이 손상된 신체 부위를 대체하기 위해 인공 재료를 이용하는 것을 말합니다. 흔히 인공 관절이나 인공 판막 등이 생체재료공학의 대표적인 성과물로 꼽히지만, 넓게 말해서는 콘택트렌즈나 수술용 실도 생체재료에 속합니다. 콘택트렌즈는 각막을, 수술용 실은 결합조직의 역할을 대신 수행하니까요.

"이런 수술은 이제 일상화되었습니다. 2022년 기준, 국내에서 시술된 수술 중 가장 많은 건수를 차지하는 것은 인공수정체를 삽입하는 백내장 수술로, 총 73만 6천여건으로, 전체 수술 206만 8천건의 1/3에 달할 정도였으며, 무릎 관절 치환술도 6만 7천건에 이를 정도로 일상적으로 행해지고 있습니다.

그렇다면 이종이식이란 뭘까요? 말 그대로 종種이 서로 다른異 생물체 간에 장기를 이식하는 행위를 말합니다. 그리스신화에 나오는 반인반마의 괴물 켄타우로스나 세이렌*, 스핑크스** 등이 이상적인 이종이식 상태라 할 수 있겠죠.

언뜻 보면 엽기적이기까지 한 이종이식의 역사는 호기심 강한 의사의 실험 정신과 자신의 목숨을 담보로 내걸은 환자들의 희생 덕분에 의외로 일찍 시작되었습니다. 이미 1900년대 초반에 돼지의 신장을 신부전증 환자에게 이식하는 시도를 시작으로, 돼지뿐 아니라 침팬지, 양, 원숭이, 비비 같은 짐승의 신장, 간, 심장, 췌장, 골수 등을

---

* 여자의 머리와 새의 몸통과 날개를 가진 반인반조입니다. 아름다운 노랫소리로 뱃사람을 유혹해 물에 빠뜨려 죽게 합니다.

** 여자의 얼굴에 날개가 달린 사자의 몸뚱이를 가진 괴물입니다. 자신이 낸 문제 "아침에는 네 개, 점심에는 두 개, 저녁에는 세 개의 다리로 걷는 것은 무엇인가"에 오이디푸스가 정답 '인간'을 맞히자 절벽에서 뛰어내려 목숨을 끊습니다.

인간 환자에게 이식하는 실험을 시도했습니다. 그러나 안타깝게도 이 위험한 실험은 대부분 실패로 끝났죠.

이렇듯 동물 장기 이식은 환자의 생명을 몇 시간에서 며칠 정도 연장시켰을 뿐, 환자에게 새로운 삶을 가져다주진 못했습니다. 인간끼리의 간이식의 경우 수술 후 5년 이상 생존할 확률이 70~87% 정도이며, 신장이식 후 기대되는 수명이 15~20년인 것에 비해 매우 저조한 결과입니다. 예외로 1963년 침팬지의 신장을 이식받은 환자가 9개월 동안 생존한 사례가 있었습니다만, 이는 매우 드문 경우입니다.

이런 현상이 일어난 것은 동물과 인간의 조직 적합성이 달라서 장기이식 때 극심한 면역 거부반응에 의한 생착生着 실패 현상이 나타났기 때문입니다. 면역免疫이란 개인의 몸을 지키는 일종의 방어 체제입니다. 우리 몸에는 다양한 면역세포가 있어 외부에서 들어온 물질을 구별해 공격합니다. 세균이나 기생충 등 외부에서 들어오는 '살아 있는' 존재의 대부분은 해로운 것이 많으니까요. 그런데 이 면역 세포는 세균 등 미생물뿐 아니라 다른 장기에도 동일하게 반응합니다. 이 면역계는 개인마다 달라서 장기이식을 실시할 때 가장 큰 장벽으로 여겨집니다.

면역계가 서로 맞지 않는 사람끼리 장기를 이식하면 극심한 면역 거부반응을 통해 새로 들어온 장기가 자리를 잡지 못하고 죽어버리는 것은 물론이고, 이식을 받은 사람의 생명도 위험해집니다. 따라서 장기이식수술을 하기 전에 장기이식 기증자와 대기자가 검사를 실시해

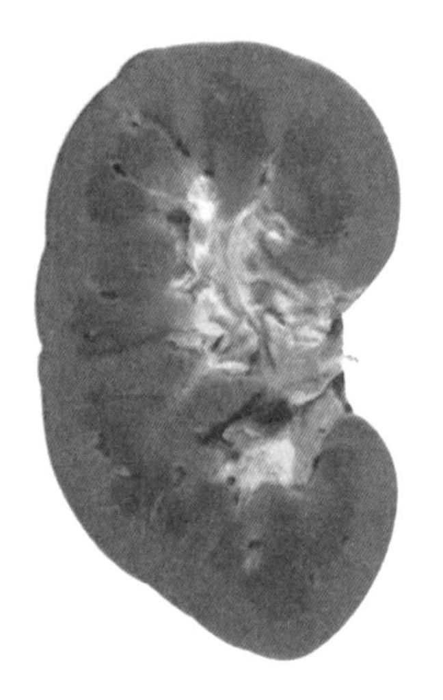
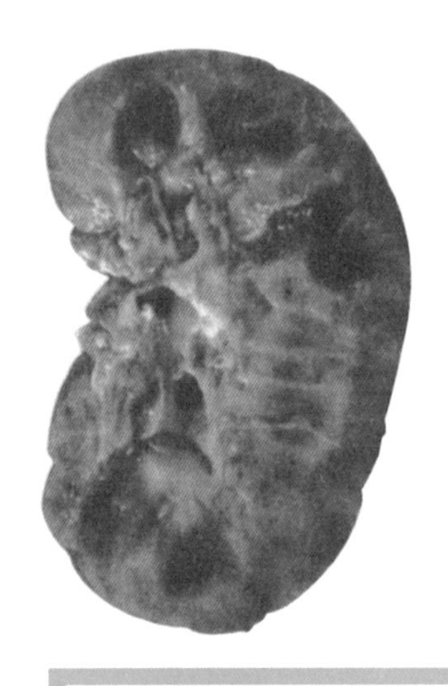

정상적인 신장의 단면도(좌)와 장기이식 이후 거부반응을 일으킨 신장의 단면도(우)

장기 수혜자 체내의 면역 거부반응에 의해 신장 조직이 모두 파괴되면 정상적인 기능을 할 수 없습니다. 이 경우 이식된 장기를 제거하는 것밖에 방법이 없습니다.

야 합니다. 검사 결과 면역 적합성이 일정 비율 이상 일치해야 합니다. 아무리 기증자가 장기를 기증하고 싶어도 면역 적합성이 맞지 않으면 기증할 수 없다는 것이죠. 이렇게 신중하게 면역계를 맞춰 이식을 한 뒤에도 장기이식을 받은 사람은 매우 오랫동안 면역억제제immunosuppressive drug를 먹어야 합니다.

면역억제제를 먹지 않으면 이식한 장기가 생착되지 못해 생명마저 위험해집니다. 그래서 장기이식을 받은 이들에게 면역억제제는 필수입니다. 하지만 면역억제제는 면역력을 저하시키므로 다른 질병에 걸리는 비율이 더 높아질 수 있습니다. 이것도 장기이식의 부작용 중 하나입니다. 생물학적으로 같은 종에 속하는 '사람끼리의 이식'에서도 이 정도인데, 위에서처럼 동물의 장기를 인간에게 이식하는 경우에는 얼마나 극심한 거부반응이 일어날지는 짐작이 되고도 남습니다.

사람과 돼지의 만남을 시도하다

켄타우로스Centaurus를 아시나요? 그리스 신화 속에 등장하는 상반신은 인간, 하반신은 말인 존재를 말하죠. 옛이야기 속에는 켄타우로스 뿐 아니라 인어, 세이렌, 늑대인간, 스핑크스, 미노타우로스 등 다양한 반인반수半人半獸들이 등장합니다. 상상 속의 반인반수들은 인간과 해당 동물의 장점을 모두 가진 뛰어난 존재로 등장하곤 하지요. 이들은 모두 허구의 존재들이나, 인간과 동물의 신체 일부가 융합되어 살아가는 것이 꼭 불가능하지만은 않습니다. 바로 이종이식Xenotransplantation입니다.

사람의 몸을 이루는 구성요소들이 동물들과 물리적으로 그다지 다른 점이 없다는 것이 알려진 후, 부족하거나 기능을 잃은 장기를 동물의 것으로 대치하려는 시도는 생각보다 오래전부터 있었습니다. 1838년, 뉴욕의 안과의사 리처드 키삼Kissam, 1806~1861은 최초로 시력을 잃어가는 젊은 남성에게 돼지의 눈에서 채취한 각막을 이식한 바 있습니다. 이식 수술 자체는 성공적이었으나, 이식된 각막은 곧 불투명해져서 환자는 시력을 회복하는데는 실패*했습니다. 하지만 이후에도 동물의 신체 조직을 인간에게 이식하려는 시도는 꾸준히 있었습니다. 가장 많이 시도되었던 것은 피부 이식으로 동물의 피부를 손상된 사람의 피부 위에 덮어 씌우는 것이었습니다. 당시 가장 인기있었던 이식용 동물 피부는 개구리의 것으로, 소나 양의 피부에 털이 난 것에 비해 개구리의 피부는 매끈했기 때문이었습니다. 당연하게도 이런 동물의 피부는 잠시나마 손상된 피부를 덮어 주는 드레싱 패드의 역할을 했을 뿐, 영구적인 이식은 모두 실패했습니다. 영구적인 관점에서 본격적인 이종이식이 시도된 건 1960년대로, 대표적인 인물은 미국의 외과의사 키스 렘츠마Keith Reemtsma, 1925~2000였습니다. 그는 무려 13명의 환자에게 침팬지에서 추출한 신장이식을 집도했지만, 단 한 명만이 이식 후 9개월을 더 살았을 뿐 나머지 12명의 환자들은 몇 주 내 사망했지요. 1960년대는 이종이식 분야의 서부개척시대 같았습니다. 무모할 수도 있는 시도를 기꺼이 감내한 의사와 환자들이 더 있었거든요. 개코원숭이의 간 이식을 시도한 토마스 스타즐Thomas Starzl, 1926~2017, 침팬지의 심장을 사람에게 이식한 제임스 하디James Hardy, 1918~2003 등의 시도는 역시나 모두 실패로 돌아갔습니다. 1960년대는 아직 효과적인 면역억제제가 개발되기도 이전이니, 동

---

* A brief history of corneal transplantation: From ancient to modern, Alexandra Z Crawford, Dipika V Patel, and Charles NJ McGhee, Oman J Ophthalmol. 2013 Sep-Dec

물의 생체 조직을 이식할 때 나타나는 면역학적 거부 반응을 이겨낼 도리가 없었을테죠. 심지어 면역억제제가 개발된 이후인 1980년대 실시된 이종이식 역시도 결과가 좋지 않았습니다. 그러니 이종이식은 시도할 수는 있지만, 결과는 늘 좋지 않은 필패必敗의 대명사처럼 자리잡게 되었지요.

하지만 여전히 이종이식은 매력적인 대상이었습니다. 가장 큰 문제는 의학이 발전할수록 장기이식의 성공률과 수요가 늘어나는데, 이식용 장기의 공급은 여전히 부족하다는 것입니다. 보건복지부 국립장기조직혈액관리원(www.konos.go.kr)에서 발표한 「2021년도 장기 등 이식 및 인체조직기증 통계연보」에 의하면 그 격차는 매우 크기 때문이죠. 그리고 여러 가지 현실적인 이유로 유인원 대신 떠오른 동물이 바로 돼지입니다.

돼지는 장기의 구성, 크기, 성장 속도, 윤리적 부담감 등에 있어서 유인원에 비해 확실히 더 유리한 특성이 있으니 말이죠. 하지만 그렇다고 돼지의 장기를 바로 사람에게는 이식할 수 없습니다. 바로 거부 반응 때문이죠. 사람에게 사람의 장기를 이식할 때도 면역 타입이 비슷해야 하고, 이식 수술 뒤에도 면역억제제를 평생 먹어야할 정도인데, 종을 넘어선 이식에서 극심한 거부 반응이 일어나리라는 것은 뻔한 일이었습니다.

	계	신장	간	심장	폐	췌장	조혈모	안구
이식수술(건)	5,840	2,227	1,515	168	167	37	1,356	370
대기자(명)	48,411	31,055	6,388	943	425	1,588	5.928	2,084
이식비율(%)	12.1%	7.2%	23.7%	17.8%	39.3%	2.3%	22.9%	17.8%

2021년 기준, 국내 장기이식 건수 및 대기자 현황 ([2021년도 장기 등 이식 및 인체조직기증 통계연보])

하지만 사람들은 실패에서 새로운 사실을 배웁니다. 동물과 사람의 장기가 기능은 같은데, 면역체계가 달라서 실패한다면, 면역체계를 속일 수 있도록 유전자 조작을 시도하면 어떻게 될까요? 사람과 돼지는 서로 다른 종이지만, 모두 심장을 가집니다. 이 심장세포를 만드는 단백질 중에는 사람과 돼지가 모두 공유하는 것도 있고, 사람에게만 있거나 돼지에게만 있는 단백질도 있습니다. 단백질이 있다는 건, 이들을 만드는 유전자를 염색체 속에 가지고 있다는 뜻이죠. 그래서 연구진들은 유전자 조작을 통해 돼지의 심장세포에 돼지 특유의 물질을 만드는 유전자를 없애고, 대신 그 기능을 하는 사람의 유전자를 넣어주어 사람의 면역체계를 속이는 시도를 합니다. 이에 2023년, 미국 메릴랜드 의대 연구진은 미국 재생의료기업 리비비코어Revivicor에서 만든 심장이식용 유전자 교정 돼지를 이용해 심장병을 앓고 있던 두 명의 남성 환자에게 이종이식을 시도합니다. 이 심장이식용 유전자 교정 돼지는 돼지에게만 있는 유전자 4개를 없애고, 대신 사람에게 있는 유전자 6개를 넣어서 최대한 사람의 유전적 형질과 비슷하도록 인위적으로 만들어진 돼지였습니다. 이식 자체는 별문제 없이 끝났고, 이식 초기 급성거부반응도 적어 성공한 듯 싶었지만, 안타깝게도 첫 번째 환자는 두 달 만에 사망했고, 두 번째 환자 역시 6주를 넘기지 못해 미완의 시도로 남았습니다. 이처럼 이종이식은 여전히 진행 중이지만, 여전히 넘어야 할 벽이 높습니다.

줄기세포 논란과 장기이식

확실히 장기이식은 꺼져가는 생명을 살릴 수 있는 고귀한 행위입니다. 그런데 우리나라의 장기이식 현황을 살펴보면 특이한 점이 있습니다. 2019년 한 해 7대 장기이식(심장, 신장, 간, 폐, 췌장, 소장, 각막)의 통계를 보면 생체 이식이 2,687건, 뇌사자 혹은 사후 이식이 1,791건이었다고 합니다. 한때 생체 이식이 90%가 넘던 것과 비교하면 사후 기증 및 뇌사자 기증이 많이 늘어났다는 것을 알 수 있습니다. 그만큼 변화된 인식을 체감할 수 있지요. 여전히 생체 이식이 전체의 60%를 차지합니다.

여기서 이야기하는 생체 기증이란, 살아 있는 사람에게서 장기를 떼어내 이식하는 것을 말합니다. 이 경우, 장기 수혜자장기를 이식 받는 사람, recipient뿐 아니라, 장기 공여자장기를 떼어주는 사람, donor도 살아가야 하기 때문에 이식이 제한될 수밖에 없죠. 본인도 살아야 하는데 하나밖에 없는 심장을 덜컥 떼어줄 수는 없지 않겠어요? 이런 경우는 신장처럼 장기 두 개 중에 하나를 떼어주거나, 간이나 췌장같이 일부를 떼어 기증할 수 있는 경우에 제한적으로 실시됩니다. 장기 공여자는 건강한 사람이긴 하지만 수술이 절대적으로 안전한 것만은 아니어서 수술 후유증으로 감염, 출혈 등의 부작용을 겪을 위험도 10~15% 정도 되는 것으로 알려져 있습니다.

반면, 뇌사자나 사후 기증의 경우 기증자의 생존 여부를 고려하지 않아도 되므로 장기이식의 혜택 범위가 넓어집니다. 이 경우, 신장과 간뿐 아니라 심장과 폐와 각막, 뼈와 피부, 인대 등 각종 조직까지 기증할 수 있어서 더 많은 사람에게 혜택이 주어질 수 있습니다.

이를 위해서는 인식의 전환뿐 아니라 제도적 전환도 필요합니다. 장기 기증은 고인의 시신을 훼손하는 행위가 아니라 누군가를 살리는 행위라는 인식의 전환이 필요합니다. 또한 장기를 기증하는 구체적 방법에 관한 정보와 제도를 널리 알리는 사회적 지원도 필요하고요.

마지막으로 우리가 기억해야 하는 것이 있습니다. 아무리 기술이 가능해지더라도 그 기술이 적용되는 대상의 존엄함은 잃지 말아야 합니다. 최근 장기이식 및 조직 이식의 기술이 발달하고 그 성공률이 매우 높아지면서, 장기와 조직을 불법적으로 거래하거나 사후 시신에서 부패된 조직을 불법으로 제공하는 악의적인 사례도 등장하고 있습니다. 사람은 장기와 조직으로 구성되어 있고, 경우에 따라서는 이 장기와 조직을 떼어내고 바꿀 수 있지만, 그렇다고 해서 인간이 부속품을 떼었다 붙였다 할 수 있는 조립식 로봇은 아닙니다. 장기와 조직의 이식은 생명과 삶의 질을 높이기 위한 고귀한 희생과 감사의 의미로 받아들여야 합니다. 고장 났으니 버리고 돈으로 사서 새것으로 갈아 끼울 수 있는 경제적 대상이 되어서는 안 됩니다.

앞서 말한 드라마 〈슬기로운 의사 생활〉에서 한 의사는 이렇게 말합니다.

"지금 두 분은 아이를 살릴 수 있어 너무 기쁘시겠지요. 마음껏 기뻐하셔도 됩니다. 하지만 앞으로 아이의 생일마다 한 번씩 감사의 기도를 올려주세요. 오늘 사망할 그분, 아이에게 장기를 주고 세상을 떠나실 그분에게 말이죠."

의사 앞에는 죽어가는 아이에게 기적적으로 장기를 기증할 수 있는 뇌사자가 생겨서 기뻐하는 부모가 있었답니다.

장기이식의 기폭제, 면역억제제의 개발

면역억제제란 생체 내에서 일어나는 면역반응을 억제하는 약물로 주로 자가면역질환이 발생할 때나 이식수술 이후 외부 장기에 대한 생착을 높일 때 사용합니다.

이식수술의 진정한 성공은 1970년대 말 스위스의 산도즈Sandoz 제약회사에서 사이클로스포린cyclosporine이라는 면역억제제의 개발로 완성되었다고 말할 수 있습니다. 이 면역억제제가 개발되면서 본격적인 장기이식 시대가 열렸다고 해도 과언이 아니거든요.

이식수술에서 아무리 조직 적합성을 맞춰서 이식한다고 해도 장기이식 이후 면역 거부반응으로 인한 합병증 때문에 이식한 장기를 다시 떼어내거나 심할 경우 환자가 사망하는 일은 장기이식에 늘 따라다니는 위험 요소입니다. 그런데 사이클로스포린을 비롯한 각종 면역억제제들은 이 거부반응을 줄여주고 장기이식의 성공률을 높여줍니다.

그러나 면역억제제를 장기 복용하는 것은 면역력을 떨어뜨려 오히려 다른 질병에 대한 저항력을 낮추는 문제점이 있습니다. 그래서 최근에는 면역 거부반응을 일으키지 않는 인공장기, 즉 기계 장기의 개발도 점점 각광을 받고 있답니다.

제약회사 산도즈의 생산 공장

05

생활의 질을 위한 또 하나의 전쟁

비만 극복 프로젝트

비만은 정말 지방에 깔려버릴 정도로 극심한 경우를 제외하고는 그 자체로
문제가 되지 않습니다. 진짜 문제는 늘씬하다 못해 비쩍 마른 모델의 몸매가
미의 기준이 된 현대사회에서 비만은 사회적 장애로 여겨진다는 것과
과다한 지방으로 2차적인 합병증이 야기된다는 것입니다.

• • •

3월 4일은 '세계 비만의 날'입니다. 2020년 비만의 날을 맞아 전 세계 의학 및 과학 전문가 단체들은 '비만 낙인stigma of obesity'을 멈춰 달라고 호소한 바 있습니다. 비만 낙인이란 비만한 사람들을 바라보는 부정적 시선과 차별 대우를 의미합니다. 직접적이든 간접적이든 살이 쪘다는 이유 하나로 사람들의 놀림과 조롱을 받거나 취업, 교육 기회, 사회생활에서 차별을 받았다는 사례는 셀 수 없이 많습니다.

현실이 이러하니 다이어트 비법이 흘러넘칠 정도로 많습니다. 각종 다이어트 식품과 음료수, 커피, 차, 살 빼는 약을 비롯해 다이어트용 옷과 신발, 운동기구, 반창고, 침, 비디오 등을 한 번이라도 안 써 본 사람이 드물 정도지요. 그런데 가만히 생각해봅시다. 도대체 왜 이렇게 살을 빼는 방법이 가지각색일까요? 살을 빼는 방법이 많다는 것은, 혹시 그만큼 살을 빼기가 어려울 뿐 아니라 체중을 줄이는 데 딱히 모두에게 특효라고 할 만한 것이 없다는 말이 아닐까요?

살쪄서 가득 찬 상태, 비만

비만肥滿은 '살쪄서 가득 차다'라는 말 그대로 생물체가 표준이라고 요구하는 양보다 과다한 에너지를 몸속에 축적한 상태를 의미합니다. 대부분의 경우, 비만이면 체중이 정상치보다 많이 나가는 상태이기도 하지만, 체중이 그다지 많이 나가지 않더라도 몸의 구성 성분 중 체지방 비율이 높은 상태도 비만이라고 해요. 사실 덩치가 엄청나게 큰 씨름 선수나 프로레슬링 선수도 실제 검사를 해보면 비만이 아닌 경우가 많습니다. 비록 이들의 몸은 다른 사람보다 커도 지방보다 근육의 비율이 높기 때문입니다.

이런 경우는 단순히 몸무게가 얼마나 나가는지가 아니라, 몸속에 지방질이 얼마나 있는지를 측정하

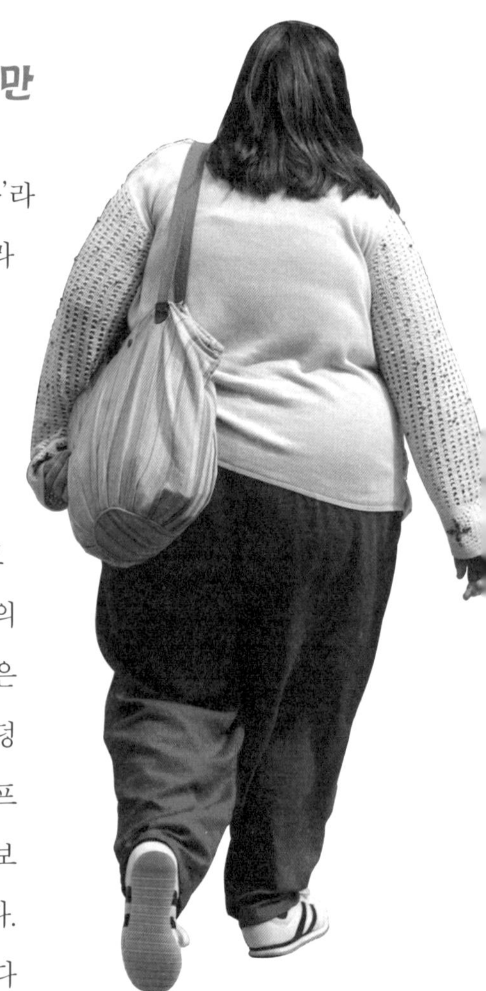

비만 여성

비만이란 과체지방 상태를 말합니다. 보통 남자는 지방이 체중의 25%, 여자는 30% 이상일 때 비만이라고 합니다. 기존의 비만은 건강상 이유 때문에 문제로 인식됐지만 요즘은 외모 스트레스의 원인으로 작용해 문제가 더 심각합니다.

는 '체지방률 측정 방법'으로 비만 여부를 판단합니다. 그래서 겉으로는 말라 보이지만, 몸속에 지방 함유량이 많으면 '마른 비만'이라 하기도 하지요. 일반적으로, 신체질량지수인 BMI가 25가 넘거나 체지방량이 남성은 25%, 여성은 30%가 넘어가면 비만으로 분류합니다.

BMI는 몸무게를 키의 제곱으로 나눈 것입니다. 예를 들어, 키 170cm에 체중이 60kg이라면 BMI는 60/(1.7×1.7) = 20.8이 되겠지요. 미국에서는 BMI 30 이상을 비만으로 분류하지만, 우리나라에서는 25가 넘으면 비만으로 분류합니다. 그것은 한국인이 미국인에 비해 비만으로 질병에 걸릴 위험이 더 높게 나타나기 때문이라고 합니다. 다시 말해 BMI 30인 미국인이 각종 합병증에 걸릴 위험도가 BMI 25인 한국인의 위험도와 비슷하기 때문이랍니다.

제로 콜라
제로 콜라는 대표적인 다이어트 식품입니다. 설탕보다 200배 단맛을 내는 '아스파탐'이라고 하는 감미료를 사용해 칼로리를 확 줄였습니다.

실제로 비만도가 높으면 당뇨·고혈압·동맥경화 등 각종 대사 질환에 걸릴 확률이 높아지는 것은 사실입니다. 하지만 이건 어디까지나 체지방량이 매우 높은 병적 비만인 경우에 그렇지, 체중이 조금 더 나가는 경우에는 큰 문제가 되지는 않습니다. 오히려 약간 과체중인 사람은 저체중이거나 표준체중인 사람들보다 평균수명이 더 길다는 연구도 있습니다.

그런데 여기서 근본적인 질문을 던져보도록 하지요. 몸에 좋다는 근육은 저절로 쌓이지 않는데, 왜 하필 지방만 자꾸 몸에 쌓이는 걸까요? 우리 유전자가 사용하고 남은 에너지를 체내에 쌓아두지 말고 그때그때 배설시키는 시스템이었다면 비만 걱정은 하지 않아도 좋을 텐데 말입니다. 하지만 이것은 오랜 세월 척박한 환경에서 살아온 우리의 유전자가 선택한 어쩔 수 없는 진화의 결과랍니다.

유전자의 처절한 선택, 지방을 붙잡아라!

우리의 유전자는 아주 척박한 환경에 알맞게 진화되어 왔습니다. 사실 인류가 지금처럼 먹을 것이 넘쳐나는 시대를 살 수 있게 된 건 최근의 일입니다. 하루 세끼 굶지 않고 밥 먹는 것만으로 행복했던 세대가 바로 우리 부모님, 조부모님 세대였습니다. 우리의 유전자는 처음 인류가 이 땅에 태어난 뒤 수백만 년 이상을 영양이 부족한 환경에서 살아야 했기 때문에 남는 에너지를 배설하는 소모적인 시스템은 상상조차 못했겠죠. 가능한 한 먹을 수 있을 때 많이 먹어서 에너지를 몸속에 저장해둬야만 먹을 것이 부족한 시기를 견딜 수 있었을 테니까요. 유전자가 지방을 에너지 저장원으로 택한 것도, 지방은

고지방 · 고칼로리 식품

고지방·고칼로리 식품은 달콤하고 기름진 맛으로 사람들을 유혹하고 체중 조절의 의지를 꺾어놓지요.

1g당 9kcal의 에너지를 저장할 수 있어서 1g당 4kcal밖에 내지 못하는 탄수화물이나 단백질에 비해 에너지 효율이 훨씬 높기 때문입니다. 한정된 육체 속에 더 많은 에너지를 저장하려면 당연히 에너지 효율이 높은 방식을 선택해야 했고, 생존을 위해 이 지방은 아끼고 아껴서 몸속에서 가장 빠지기 힘들게 만드는 것이 진화적으로 유리한 전략이었을 테지요.

이렇게 우리 몸은 지방 친화적으로 발달했습니다. 수백만 년 동안 유전자에 고착되어온 이러한 성향이 단시간에 바뀌지는 않습니다. 환경 적응을 통한 진화는 오랜 세월에 걸쳐 차츰차츰 이루어지기 때문에, 아마도 지금 우리 몸은 갑작스레 바뀐 환경으로 과도기를 겪고 있는 중입니다. 그건 단지 지방세포가 남들에 비해 좀 많다는 이유만으로도 건강에 문제가 온다는 취약한 체내 시스템 자체가 과도기적 인 현상일지도 모른다는 것이죠. 어쩌면 우리가 처음 지구상에 나타났을 때부터 먹을 것이 남아도는 상황이었다면 이에 적응해 에너지를 바로바로 소비하는 시스템으로 분명히 진화되었을 것입니다.

살 빼기 수칙 하나, 적게 받아들여라

자, 사람들이 왜 비만에 취약할 수밖에 없는지는 앞에서 이야기했고, 이제 우리가 흔히 다이어트 제품이라고 부르는 것에 관해 이야기 해보도록 하죠.

살이 왜 찔까요? 그건 아주 단순합니다. 몸속에 들어오는 에너지 량보다 실제 소모되는 에너지량이 적어서 몸에 지방이 쌓이기 때문이죠. 역으로 말하자면, 살을 빼려면 체내로 쌓이는 에너지를 줄이든지, 에너지 사용량을 늘리든지, 아니면 아예 지방세포를 없애버려야 합니다. 실제로 다이어트 약들은 이런 원리를 이용합니다.

첫째, 다이어트 제품들은 체내로 들어와 쌓이는 칼로리를 제한해 살이 빠지도록 유도합니다. 시중에서 팔리는 다이어트 식품의 상당수가 이에 속하고, 다이어트를 결심하는 사람들이 제일 먼저 시도하는 방법도 이것입니다. 가장 손쉽게 할 수 있는 방법이기 때문이죠. 식사량 자체 줄이기, 달고 기름진 음식 덜 먹기, 칼로리 낮은 음식만

골라 먹기 등이 해당됩니다. 물론 극단적인 경우에는 단식원에 들어가서 쫄쫄 굶는 방법도 있지만, 건강에 해롭기 때문에 여기서는 제외하고요. 이런 소극적인 방법 외에 적극적으로 칼로리 섭취를 줄이기 위해 의약품의 도움을 받기도 합니다. 대표적인 것이 이른바 '살 빼는 약'들이죠.

몸에서 섭취하는 칼로리를 조절해 살을 빼준다고 알려진 성분을 여러 가지가 있습니다. 그중 가장 먼저 유명해진 것이 올리스타트Orlistat라는 물질입니다. 올리스타트 성분이 든 비만치료제는 미국 FDA의 승인(1999년)을 받은 세계 최초의 지방치료제이기도 하죠. 올리스타트의 원리는 열량이 우리 몸에 흡수되지 못하도록 막는 것입니다. 우리의 소화 기관은 꽤나 빡빡해서 아무리 많은 음식을 먹어도 그것이 분해되어 작은 조각으로 쪼개지지 않으면 흡수되지 않습니다. 탄수화물은 기본 단위인 포도당으로, 단백질은 아미노산으로, 지방은 지방산과 글리세롤로 쪼개져야만 흡수가 됩니다. 이렇게 우리 몸에서 영양분들을 흡수 가능한 형태로 잘게 쪼개는 것을 우리는 '소화'라고 하지요. 녹말과 섬유질이 모두 기본 단위가 포도당임에도 불구하고, 녹말은 열량원이고 섬유질은 그렇지 않은 건 바로 이 소화의 차이 때문입니다. 우리 몸에 존재하는 아밀레이스amylase와 같은 소화효소들은 녹말을 구성하는 포도당은 쉽게 쪼개어 흡수 가능한 형태로 바꿀 수 있지만, 섬유질을 구성하는 포도당은 그 구조가 달라서 떼어내지 못하기 때문입니다. 소화가 안 되면 흡수도 안 되니 그대로 배설되므로, 결국 섬유질은 포도당 덩어리임에도 불구하고 아무리 많이 먹어도 전혀 열량원으로 기능하지 못하지요. 올리스타트는 바로 이런 원리를 이용한 것입니다. 탄수화물과 단백질, 지방 중 무게 당 열량이 가장 높은 지방을 소화시키는 효소인 라이페이스lipase의 기능을 방해해 이들이 지방을 소화시키지 못하도록 하는 것이 올리스타트의 역할입니다. 소화되지 못한 지방은 흡수되지 않고 그대로 배출되니 그만큼 덜 먹는 효과를 가져오게 됩니다. 올리스타트는 오로지 지방 성분에만 작용하므로, 지방을 많이 먹는 이들일수록 감량 효과가 좋은데, 이 경우 부작용으로 변에 기름기가 늘어나 복통과 참을 수 없는 급한 설사 등이 나타날 수 있습니다. 게다가 올리스타트가 라이페이스의 기능을 완전히 억제하는 것은 아니기에 일부는 여전히 흡수된답니다.

먹고 나서 일을 막는 것보다는 애초에 덜 먹는 것이 좋습니다. 하지만 식욕은 본능적인 욕구이므로 이를 참는 것은 결코 쉬운 일이 아닙니다. 그래서 어떤 약들은 식욕을 조절하거나, 포만감을 잘 느끼게 만들어 섭취량을 조절하도록 돕습니다. 펜터민Phentermine, 다이에틸프로피온Diethylpropion, 펜디메트라진Phendimetrazine 등은 식욕억제 중추에 작용해 식욕 자체를 줄이는 기능이 있습니다. 애초에 먹고 싶은 욕구 자체를 없애기 때문에 체중 감량 효과가 크지요. 하지만 식욕억제 중추 부위는 뇌에 위치하므로, 이들 물질들은 중추신경계 자극 물질이

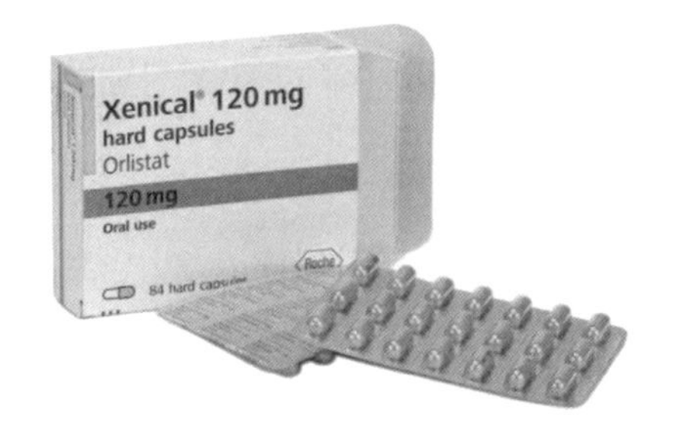

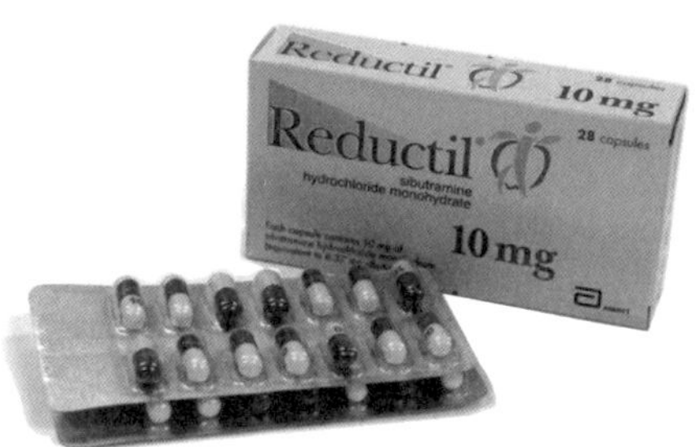

살 빼는 약

올리스타트 성분이 들어 있는 '제니칼'(좌)은 음식물 중에서 지방 성분의 소화 및 흡수를 방해해 살을 빼는 데 도움을 줍니다. 시부트라민이 들어 있는 비만 치료제 '리덕틸'(우)은 식욕 자체를 줄이는 기능을 하지요.

어서 매우 조심스럽게 사용해야 하며, 절대로 장기간 복용해서는 안 됩니다. 자칫 고혈압과 뇌출혈 같은 심각한 부작용이 나타날 수도 있고, 우울증, 불면증, 환각 등의 정신과적 질환이 나타날 수도 있으니 말이죠.

이런 제품이 아니더라도, 배탈이 나거나 장염에 걸려 하루만 설사해도 2kg 정도 빠지는 것은 아주 자연스러운 일입니다. 원래 설사는 우리 몸에 병균이나 기타 안 좋은 것이 들어왔을 때, 이물질을 몸 밖으로 최대한 빠르게 배출하기 위한 자연 방어 체제입니다. 그러나 잠깐이면 몰라도 전쟁이 지속되면 인간의 삶은 지옥처럼 피폐해지고 맙니다. 마찬가지로 설사도 잠깐이면 장을 깨끗이 비워주는 역할을 하지만, 심해지면 탈수 증상을 일으키고 자주 반복되면 영양분을 흡수하는 장의 기능을 상실해 건강에 심각한 위험을 가져옵니다.

대부분 장을 자극해 설사를 하면, 체내의 수분이 빠져나가 일시적으로 체중이 줄어듭니다. 줄어든 체중은 며칠 안에 다시 원상태로 돌아오는 것이 정상입니다. 사람들은 이런 효과를 너무 과장해 마치 먹기만 하면 2~3일 만에 2~3kg이 빠진다고 광고하는데, 많이 양보해서 변비 해소에는 효과가 있을지 모르지만 건강에는 도움이 되지 않습니다.

살 빼기 수칙 둘, 에너지 소모를 늘려라

두 번째는 먹을 것을 도저히 줄일 수 없으니 에너지 소모를 증가시켜 살을 빼겠다는 것입니다. 이때 쓸 수 있는 가장 좋은 방법은 운동입니다. 운동을 하면 칼로리를 소모시킬 뿐 아니라, 장기적으로 근육량을 늘려주어 건강도 얻고 살도 뺄 수 있는 일석이조의 효과를 얻을 수 있습니다. 그런데 운동이 쉬운 일이 아니죠. 일단 힘들고 귀찮은데다가 오랫동안 꾸준히 해야 하기 때문에 끈기 없는 사람은 금방 지쳐버립니다.

게다가 운동을 시작하면 처음에는 몸무게의 변화가 없거나 오히려 약간 증가하는 경향을 보입니다. 이는 우리 몸의 지방이 근육으로 대치되는 과정에서 같은 양의 근육이 지방보다 무겁기 때문에 일어나는 현상인데요. 고깃국을 끓이면 살코기는 가라앉지만 기름은 위로 뜨는 것과 같은 이치죠. 지방이 있던 자리에 더 무거운 근육이 들어가서 초기에는 몸무게가 늘어난 것처럼 보여도 꾸준히 운동하면 근육 자체가 소비하는 열량이 많아져 나중에는 저절로 살이 빠집니다. 이 과정까지 기다리지 못하고 몸무게가 조금 늘어나는 듯해 겁나서 운동을 그만두는 경우가 많아요. 결과는? 다시 제자리걸음이죠. 아니, 뒷걸음일 수도 있고요.

그런데 여기서 안타까운 사실이 있습니다. 『운동의 역설』을 쓴 미국 듀크대학교의 진화인류학자 허먼 폰처에 의하면, 우리가 아무리 운동을 해도 칼로리 소비량은 늘어나지 않는다고 말해, 날씬해질 그 날을 위해 헬스클럽에서 열심히 운동하던 이들의 마음에 큰 충격을 주었습니다. 폰처 박사가 주장한 운동 역설Exercise paradox이란 인간의 몸은 에너지 소비량이 큰 신체 활동을 해도, 전체적인 소모량의 입출력은 거의 비슷하다는 것입니다. 즉, 운동으로 소모하는 에너지가 높아지면 기초 대사량을 떨어뜨려 전체

운동의 효과

운동을 하면 인체는 축적된 에너지를 소비하면서 땀을 통해 노폐물을 내보냅니다. 적당한 운동은 노화 방지, 면역력 증가 등 많은 효과를 보이는데요. 비만에도 절대적인 치료법인 동시에 예방약이라고 합니다.

에너지 소비량을 비슷하게 맞추거나, 혹은 식욕 중추를 자극해 더 많이 먹게 한다는 것이죠. 이는 우리 몸이 "기계가 아니라 진화의 산물"이기 때문입니다. 생명체에게 있어 가장 중요한 건, 시스템을 유지하고 살아가는 것입니다. 이를 가정 경제에 비교하면 쉬워집니다. 가정 경제를 유지하기 위해 가장 중요한 건 파산하지 않는 것입니다. 만약 이 달에 여행을 다녀오느라 돈을 좀 많이 썼다면, 이번 달에는 새 옷을 구입하거나 외식하는 걸 자제해 전체적인 생활비 균형을 맞추려고 애를 쓰겠지요. 더 이상 지출을 줄일 수 없다면, 파트타임 잡을 구해 추가로 생활비를 벌려고 노력할 겁니다. 우리 몸도 마찬가지라는 거에요. 생물에게 있어서 가장 중요한 건 몸이 축나지 않도록 지키는 것입니다. 그러니 갑자기 에너지를 많이 쓰는 일이 벌어지면 다른 곳에 들어갈 에너지를 줄이거나, 추가로 열량을 확보하게 만들어 몸이 축나는 것을 막는 겁니다.

폰처 교수는 이를 예로 들어 운동으로 살을 빼기보다는 먹는 것을 줄여 살을 빼는 것이 체중 감량에는 훨씬 더 효과적이라고 말합니다. 이때 먹는 종류도 상관없습니다. 우리는 흔히 살을 빼기 위해서는 채소나 닭가슴살처럼 식물성 음식, 혹은 담백한 음식을 먹어야만 한다고 생각하지만 꼭 그렇지는 않습니다. 뭘 먹든지 내 몸이 필요로 하는 기본 열량 보다 적게만 먹으면 된다는 것이죠. 실제로 과자나 초콜릿, 감자튀김 등의 소위 '정크푸드'만 먹고도 체중감량에 성공한 사람도 있습니다. 미국 캔자스 주립대학의 영양학 교수인 마크 허브는 식단을 좋아하는 정크푸드로 채우는 대신, 하루 칼로리 섭취량이 1800kcal를 넘지 않도록 조절했더니 살이 빠졌다는 체험을 공개해 화제가 되었습니다. 중요한 건 소비 에너지를 늘리는 것이 아니라, 섭취 에너지를 줄이는 것이라는 사실이 다시 한 번 확인된 셈이죠.

하지만 그렇다고 운동이 아무 효과가 없는 것은 아닙니다. 앞서 『운동의 역설』로 많은 운동 다이어터들의 꿈을 산산히 조각낸 폰처 교수는, 그럼에도 불구하고 운동을 꾸준히 해야 한다고 주장합니다. 가장 중요한 이유는 규칙적인 운동이 살 빼는데 도움이 될지는 미지수이지만, 적어도 건강하게 살아가는데 있어서는 매우 중요하다고 강력하게 주장합니다. 특히나 운동으로 인한 소모 칼로리의 증가는 몸이 쓸데없는 염증반응이나 불필요한 알레르기를 줄이는데 효과가 있어, 만성 염증 질환과 심장병이나 당뇨 같은 대사질환의 위험성을 줄이는데 월등한 효과가 있습니다. 사실 전세계의 보건의료협회들이 비만에 관심을 가지는 이유는 비만 그 자체가 건강에 악영향을 미치기 때문입니다. 지방의 과다축적 상태는 만성 염증 질환과 각종 대사질환의 발생률을 높이는데 지대한 영향을 미칩니다. 2021년 대한비만학회에서 발표한 자료에 따르면, 비만인의 경우 제2형 당뇨병 유병률은 20.8%, 고혈압은 46.3%, 비알코올성 지방간질환은 62.5%로 나타나는데, 이는 같은 연령대 표준체중을 가진 사람들에 비해 2~3

배 이상 높은 수치입니다. 그런데 주기적인 운동은 과도한 염증 반응을 막고 당뇨병, 고혈압, 비알코올성 지방간질환 등 소위 '성인병'이라고 하는 대사질환을 월등히 줄여주는 효과가 있습니다. 꼭 격심하거나 지나치게 할 필요도 없습니다. 하루에 30분에서 1시간, 일주일에 2~3회 빠른 걸음으로 걷는 것만으로도 효과는 있으니까요. 그러니 운동으로 인해 소모되는 칼로리를 늘리는 건, 체중 감량에 도움이 될지는 미지수이지만, 비만이 가져오는 각종 대사질환의 위험을 줄이는데는 확실히 도움이 됩니다. 그러니 오늘부터라도 조금씩이라도 운동을 하시는 것이 좋습니다.

살 빼기 수칙 셋, 지방세포를 박멸하라

세 번째는 지방세포를 아예 없애버리는 것으로, 주로 화장품에 많이 사용되는 원리이죠. 현미경으로 보면 지방세포는 핵이 구석으로 밀려나 있고, 세포 대부분을 중성지방이 차지하고 있습니다.

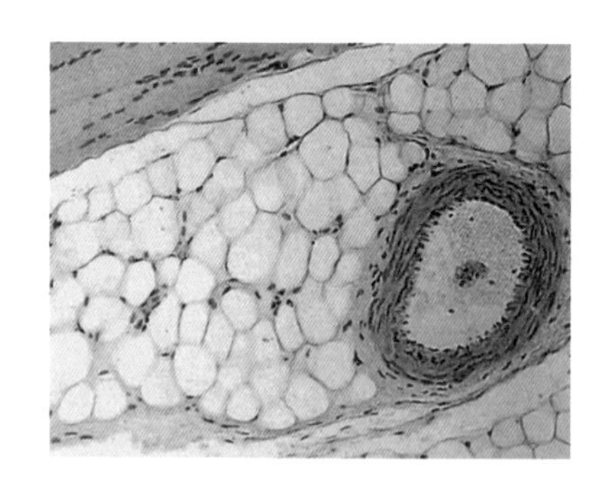

지방세포

흰색으로 보이는 것이 세포 내에 가득 차 있는 지방 덩어리이고, 세포핵(까만 점)은 지방에 눌려 세포 구석으로 밀려나 있습니다.

카페인, 이소프테레놀isopterenol,

레티놀산 등의 물질이 지방세포에 들어 있는 지방의 분해를 촉진한다는 결과가 있답니다. 보통 화장품 회사에서 나오는 제품 중에 '셀룰라이트'를 없애준다거나 '바디슬리밍'에 효과가 있다면서 광고하는 것이 이런 화장품입니다.

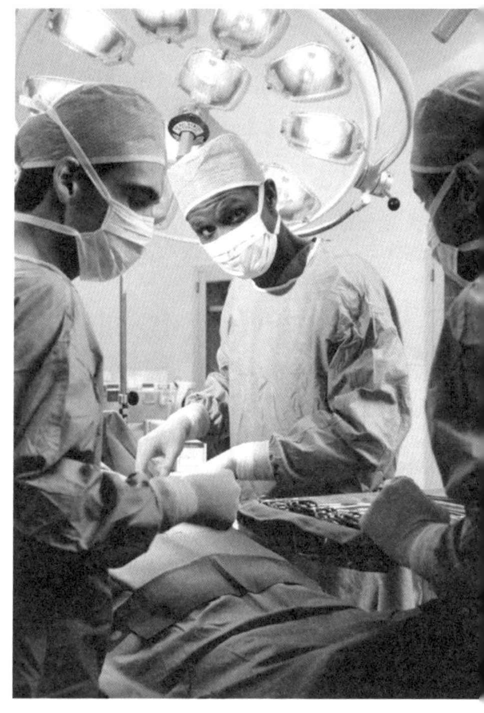

지방 제거 수술
단시간에 살을 뺄 수 있는 방법으로 지방 제거 수술을 꼽죠. 하지만 치명적인 부작용으로 건강에 악영향을 줄 수도 있습니다. 또 수술 후 폭식, 운동 소홀로 지방세포에 다시 영양을 공급하면 '말짱 도루묵'이 돼버리기도 한답니다.

그러나 가장 확실한 지방세포 제거 방법은 수술 요법인데, 요즘 들어 지방 흡입술이 각광받고 있습니다. 어린아이의 경우, 살이 찔 때 각각의 지방세포 크기도 물론 커지지만 지방세포의 숫자도 증가합니다. 반면에 어른이 되면 살이 찌더라도 지방세포 수는 더 이상 늘어나지 않고, 지방세포의 크기만 커질 뿐입니다. 이런 이유로 어릴 때 뚱뚱한 아이들은 자라서도 비만으로 고생할 확률이 높은 것이지요. 지방세포는 일단 성인이 되면 숫자가 더 이상 늘어나지 않기 때문에 지방세포를 강제로 뽑아내면 그 부위에는 더 이상 살이 찌지 않을 것이라고 생각해 고안된 수술이 지방 흡입술입니다.

지방 흡입술은 지방 제거를 원하는 부위를 잘게 절개한 뒤 강한 압력을 가해 지방을 뽑아내거나, 초음파 등을 이용해 지방을 잘게 부순 뒤 빼내는 방법입니다. 한 번 수술할 때 약 3~4 *l* 정도의 지방을 뽑아낼 수 있습니다. 뽑아낸 지방 1 *l* 가 약 0.5kg 정도 된다고 하니, 한 번 수술을 받을 때 약 1.5~2kg 정도가 줄어드는 것이죠. 사람에 따라 다르겠지만, 비만인 사람이 이 정도 몸무게를 줄이는 것으로 날씬해지는 건 힘들겠지요.

사실 지방 흡입술은 체중을 줄이는 수술이 아니라, 특정 부위에 지방이 유난히 뭉쳐서 몸매가 살아나지 않을 때 받는 '미용 수술'입니다. 사람에 따라서 팔다리는 가느다란데 유난히 배만 툭 튀어나왔다든가, 상체는 깡말랐는데 허벅지는 튼실한 사람이 있습니다. 지방 흡입술은 이런 불균형한 체형을 보정해주는 수술일 뿐, 체중을 줄이는 데는 큰 기여를 하지 않습니다. 게다가 의료보험 적용이 안 되기 때문에 수백만 원의 수술비를 들여야 하고 대량 출혈이 동반되는 위험을 감내해야 하므로 신중히 생각할 사안입니다.

들어오고 나가는 에너지의 균형을 맞춰라

이 밖에도 호르몬(성장호르몬과 여성호르몬)을 사용하는 방법, 지방세포의 생성 자체를 막는 방법, 정신적인 요법을 통한 식욕 억제, 침과 뜸을 이용한 한방 치료, 지압과 마사지를 이용한 치료, 테이핑 요법, 랩으로 감싸기, 요가와 명상 요법, 충격 요법, 반신욕 등 셀 수도 없을 만큼 많은 체중 조절 프로그램이 있지요.

최근 들어 가장 각광받고 있는 다이어트 방법은 간헐적 단식입니다. 간헐적 단식은 말 그대로 단식을 주기적으로 반복하는 것으로, 5:2 단식과 16:8 단식이 가장 잘 알려져 있습니다. 5:2 단식은 일주일을 주기로 주중 5일 동안 평소와 같은 식사량을 유지하고 주말 2일 동안 단식하는 방법입니다. 16:8 단식은 1일을 주기로 16시간은 공복을 유지하고 8시간 동안만 평소와 같은 양의 음식을 먹는 방법입니다. 간헐적 단식은 방법이 단순하고 시간과 양(폭식은 안 됩니다!)만 지키면 제한해야 하는 음식이 거의 없어 널리 사랑받고 있습니다.

그런데 최근 간헐적 단식에 관한 새로운 연구 결과가 나왔습니다. 간헐적 단식이 전 세계적으로 유행하자, 지난 2020년 1월 미국 의학 학술지 「뉴잉글랜드 저널 오브 메디슨」은 간헐적 단식을 다룬 메타 분석 논문을 게재했습니다. 메타 분석 논문이란 기존에 발표된 다수의 논문을 모아 통계적인 수치를 산출하는 방식으로 만들어진 논문입니다. 보통 메타 분석에는 같은 주제에 관해 수백에서 수천 편의 논문 분석 결과가 실리지요. 이 분석 논문에 따르면, 제대로 간헐적 단식을 하면 체중 감량에도 효과가 있을 뿐 아니라, 암·당뇨병·심장 질환 등을 지연시켜 건강 증진과 수명 연장에 도움이 된다고 합니다.

대부분 체중이 줄어들면 대사 질환의 가능성이 낮아져 수명 연장에 도움이 됩니다. 그런데 간헐적 단식은 비록 체중이 줄지 않더라도 건강에 긍정적인 효과가 나타난답니다. 많은 학자들이 덜 먹는 것이 건강에 좋은 이유를 유해 산소에서 찾고 있습니다. 몸 안에서 영양분이 체내 에너지 화폐인 ATP를 만들려면 분해되는 과정에서 산소가 필요합니다. 산소를 이용해 영양분을 분해할 때 필수적으로 유해 산소가 발생합니다. 유해 산소는 단백질과 같은 체내 구성 물질과 결합해 이를 변성시키거나 산화시켜 신체 기관에 스트레스를 줍니다. 산소 호흡을 하는 대부분의 생명체는 항산화제를 이용해 유해 산소를 제거합니다. 그러나 아무리 항산화제가 완충 역할을 하더라도, 애초에 유해 산소가 덜 생기면 신체 기관에 스트레스를 덜 준다는 사실이 간헐적 단식의 효과로 밝혀진 셈이죠.

예전에도 덜 먹는 것이 체중 감량 효과뿐 아니라, 기타 긍정적인 신체 효과를 가져온다는 보고는 많았습니다. 동물 실험 결과만 놓고 보더라도 선충부터 실험용 생쥐, 여우원숭이까지 대부분의 동물은 권장 섭취량의 70%만 먹게 했을 때 수명이 평균 1/3에서 1/2까지 늘어나는 현상을 발견했죠. 이때 이들은 단지 더 오래 사는 것이 아니라, 심지어 백내장, 털색의 변화 등 흔히 노화의 징후도 덜 나타났다고 합니다. 다시 말해 그냥 수명이 늘어난 것이 아니라, 노화의 속도가 느려지면서 자연스럽게 수명도 연장되었다는 말입니다. 최근 들어 개와 고양이 등 반려동물의 수명이 과거에 비해 10~20% 늘어난 것도, 자연식 대신 사료를 먹이는 방식이 확산된 결과라는 보고도 있고요. 세계 각지의 장수촌 사람들은 공통적으로 과식하지 않고 적절한 양의 담백한 식사를 한다는 보고도 있습니다. 결국 다이어트의 왕도는 딱 내가 살아가는 데 필요한 양만큼 욕심내지 않고 먹는 '자기 조절의 도'에 있지 않을까요?

체지방 분석의 원리

요즘에는 병원, 헬스 센터, 가정 등에서 간단하게 체지방을 측정할 수 있는 기계들이 많이 나와 있습니다. 양말을 벗고 맨발로 기계 위에 올라서서 전극을 손으로 잡으면, 이 전극을 통해 우리 몸에 약한 전류를 흘려서 체지방을 측정해주는 것입니다.

우리가 흔히 체지방계로 부르는 체성분 분석기는 우리 몸의 구성 물질(단백질, 지방 등)이 서로 다른 전기 저항값을 가진다는 데서 착안한 기계입니다. 우리 몸의 70%를 차지하는 수분은 전기가 잘 흐르지만, 지방은 이온이나 전자 등이 통과하기 어려워 전기가 잘 흐르지 않거든요. 체성분 분석기는 아주 약한 전기를 몸에 흘려서 전기가 얼마나 잘 흐르는지를 분석해 이에 따라 체지방의 양과 분포도를 계산합니다.

이 방법에 따르면 전기가 잘 통하지 않을수록, 즉 저항이 높을수록 체지방량이 많은 것이죠. 이런 방법을 '생체 전기저항법(바이오임피던스법)'이라고 한답니다. 요즘에는 양쪽 엄지손가락으로 잡기만 하는 휴대용 체지방 분석기도 나와 있는데 원리는 같습니다. 이 기계를 사용할 때는 체내에 전기를 흘려야 하기 때문에 반드시 맨손(혹은 맨발)으로 기계를 잡고 피부가 기계와 직접 맞닿아야 정확하게 측정할 수 있지요.

이 밖에도 체지방을 측정하는 방법에는 일종의 집게로 배를 집어 지방의 두께를 측정하는 피지후법(칼리퍼법)이나 전류 대신 초음파나 적외선을 이용해 지방량을 측정하는 방법이 있답니다.

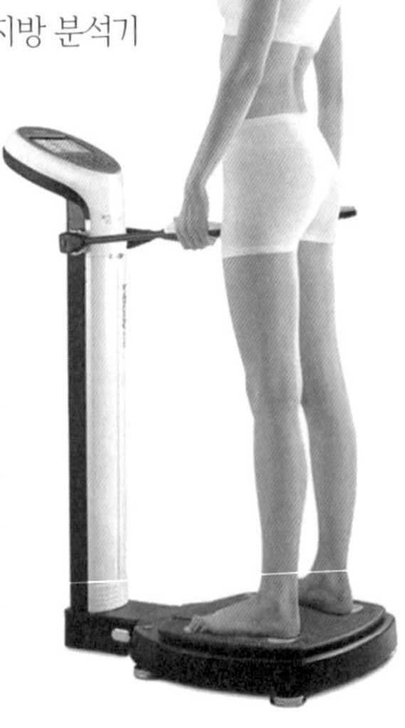

국내 시판되고 있는 체지방 분석기

06

침묵의 봄이 찾아온다

환경호르몬의 공격

인간이 앞으로도 무질서하게 환경 파괴를 계속해나간다면

조만간 봄이 되어도 아무런 생명도 움터나지 않는

'침묵의 봄'이 찾아올 것입니다.

•••

여러분은 봄이 왔다는 것을 무엇으로 느끼시나요? 추위가 물러가고 기온이 올라가는 것을 가장 크게 느끼겠지만, 우리 주변에는 미처 봄이 온 것을 알아차리기도 전에 봄을 알리는 자명종들이 너무도 흔합니다. 일단 텔레비전 일기예보에서는 매일같이 기온이 따뜻해졌다며 봄이 온 소식을 우리에게 일깨워주며, 어느새 쇼윈도에 걸린 밝고 하늘하늘한 봄옷들도 칙칙하고 두꺼운 겨울 외투를 얼른 벗어버리라고 유혹하지요.

보리가 알리는 봄

겨울을 견딘 보리는 4월에 꽃이 피고 알맹이가 맺히기 시작합니다. 초록색이던 이삭은 5월 하순이 되면 황금색으로 변해 수확을 하지요. 제 나름의 봄을 알리는 자명종입니다.

수다스러운 봄이 침묵을 지키다

옛날 사람들은 봄이 오는 것을 무엇으로 알아차렸을까요? 당시에는 아마도 자연이 내는 '봄이 오는 소리'로 알아차리지 않았을까요? 겨우내 얼어붙어 있던 시냇물이 졸졸졸 흐르는 소리, 강남 갔던 제비가 다시 돌아와 처마 밑에서 지지배배 지저귀는 소리, 겨울잠 자던 개구리가 깨어나 연못가에서 개굴개굴 우는 소리……. 여기다가 산에 들에 흐드러져 피어 있는 개나리와 진달래가 꽃망울을 터뜨리는 소리가 들릴 듯도 하니, 여러모로 봄은 '수다스러운 계절'임이 분명합니다.

그런데 말이죠. 만에 하나 봄이 와도 이런 수다스러운 자연의 소리가 들리지 않는다면 어떨까요? 햇살은 한낮이면 제법 따갑게 내리쬐고, 얼굴에 스치는 바람도 포근한데 들판에 아무런 소리도 들리지 않는 '침묵의 봄'이 찾아온다면 어떨까요?

이미 60년 전에 '침묵의 봄'을 경고한 사람이 있었습니다. 바로 미국의 생물학자이자 환경론자인 레이첼 카슨Rachel Louise Carson, 1907~1964입니다. 카슨은 1962년 『침묵의 봄』이라는 책을 통해 인간이 앞으로도 무질서하게 환경 파괴를 계속해나가면 조만간 봄이 되어도 아무런 생명도 움터나지 않는 '침묵의 봄'이 찾아올 것이라고 경고한 바 있습니다. 그렇다면 '침묵의 봄'은 우리에게 어떤 화두를 던져주는 말일까요?

사진ⓒ에코리브르

레이첼 카슨과 『침묵의 봄』

1907년 펜실베이니아에서 태어난 레이첼 카슨은 어릴 적부터 작가가 되고 싶었답니다. 하지만 대학에서 전공을 문학에서 생물학으로 바꾸고, 무분별한 살충제 사용을 경고하는 『침묵의 봄』까지 쓰게 되었죠.

흔히 과학의 발전 단계로 시대를 나누는 사람들은 화학이 지배하던 20세기를 지나 앞으로 21세기에는 생물학이 대세가 될 것이라는 이야기를 합니다. 굳이 일일이 예를 들지 않아도 지난 20세기가 '화학의 시대'였다는 사실은 우리 주변의 여러 발전상만 보아도 알 수 있습니다.

석탄과 석유, 화학의 시대를 열다

근대 화학의 아버지로 불리는 라부아지에A.L. Lavoisier, 1743~1794 이후 폭발적으로 발전하기 시작한 화학은 사람들의 생활을 완전히 바꾸어 놓았습니다. 특히 석탄과 석유가 인간 생활에 끼어들면서 그 변화 속도는 엄청나게 빨라져버렸죠.

석탄과 석유는 둘 다 탄소를 주축으로 하는 유기화합물입니다. 산업혁명이 일어나고 기차와 자동차 등 탈것이 보급되면서 각종 기계와 탈것의 에너지원으로 석탄과 석유의 수요는 폭발적으로 증가했습니다. 먼저 인간과 관계를 맺은 에너지원은 석탄입니다.

산업혁명의 상징이 된 하얀 연기를 뿜어내는 공장 굴뚝이나 증기기관의 힘으로 달리는 기차의 위용은 모두 석탄에서 비롯됩니다. 그러나 석탄은 땅속에서 파낸 그대로를 연료로 사용하는 것보다 이를 정제해 순도를 높여서 사용하는 것이 훨씬 효율적이었죠. 따라서 석탄을 분리하고 정제하는 기술이 발달하기 시작했고, 이와 함께 정제하고 남는 부산물의 양도 늘어났습니다.

이 검고 찐득찐득한 석탄 찌꺼기인 콜타르coal-tar는 초기에 함부로 버릴 수도 없고, 그렇다고 별로 쓸데도 없어 골치 아픈 애물단지 취급을 받았습니다. 그러나 곧 이 찌꺼기도 유기화합물의 복합체라는 것이 알려지면서, 여기에서 유용한 유기물질을 뽑아내는 기술이 발달하기 시작했죠. 석탄에서 건진 귀한 물질 중의 하나가 바로 최초의 합성염료인 모브mauve입니다. 1856년 즈음에는 석탄을 정제할 때 나오는 검은 찌꺼기인 콜타르가 단순한 찌꺼기가 아니라 여러 유기화합물의 혼합물이라는 것이 알려지면서 유용한 물질을 분리하는 실험을 많이 시도했습니다. 당시 십 대 소년이었던 윌리엄 퍼킨도 이 대열에 동참한 사람으로, 스승인 호프만을 도와 실험을 하고 있었지요. 그러나 실험 결과 퍼킨이 얻은 것은 엉뚱하게도 뭔지 모를 거무스레한 가루였습니다. 호기심이 발동한 퍼킨은 이 가루를 메탄올에 녹였고 그 액체에서 거짓말처럼 예쁜 보라색을 얻었답니다. 이것이 바로 최초의 합성염료인 모브였죠. 설탕보다 더 달게 느껴지는 사카린도 팔베르크가 석탄 추출물을 연구하는 과정에서 발견했다고 합니다. 석탄이 인류 역사에 미친 영향은 생각보다 다양하고 디테일하답니다.

라부아지에의 실험실

화학 혁명가로 불리는 라부아지에는 물을 수소와 산소로 분리한 과학자입니다. 그는 기존에 물이 하나의 원소라는 이론을 뒤집은 위대한 발견자였고, 이후에 33개 원소를 더 밝혀냈답니다. 지금까지 107종의 원소가 밝혀졌는데, 새로운 원소의 합성이 계속되고 있어 종수는 더욱 늘어날 것으로 전망됩니다.

그러나 한 시대를 풍미한 석탄은 곧이어 등장한 석유 때문에 산업 전선에서 2군으로 밀려납니다. 이제 석유가 화학공업의 전면에 나선 것이죠. 석유화학, 즉 원유에서 석유제품(가솔린, 경유, 등유 등)을 제외하고 나머지 화학물질을 만들어내는 화학이 그야말로 눈부시게 발전하기 시작합니다. 이렇게 해서 발전된 석유화학제품은 합성섬유, 플라스틱, 합성고무* 등의 고분자화학제품과 합성세제(계면활성제), 각종 유기용제有機溶劑, 염료, 농약, 제초제와 살충제, 의약품 등 매우 많아, 현대인의 생활은 석유화학제품 없이는 상상도 못 할 정도가 되었습니다.

이렇게 시작한 20세기 초·중반은 가히 화학적으로 합성된 '인조제품의 전성기'라고 불러도 손색이 없을 겁니다. 지금은 그 느낌이 많이 퇴색했지만, 당시 '화학'이라는 말은 최첨단 미래 지향적인 단어여서 사람들은 너나없이 화학이란 단어를 물품에 붙이기 시작했습니다. 우리가 지금 '인공지능'이나 '천연' 같은 단어를 많이 사용하는 것과 같은 이유입니다. 오죽하면 MSG 모노소듐 글루타메이트, monosodium glutamate가 첨가된 조미료를 '화학조미료'라고 불렀을까요!

'미원'으로 대표되는 MSG는 1908년, 일본 화학자 기쿠나에 이케다 박사가 다시마의 구수한 맛이 '글루탐산'이라는 사실을 밝혀내는 과정에서 개발합니다. 원래 MSG는 화학적으로 합성하는 것이 아니라, 다시마를 산으로 분해해서 만들거나 콩깻묵(콩에서 기름을 짜고 남은 찌꺼기) 또는 폐당밀(사탕수수에서 설탕을 뽑아낸 이후에 나오는 부산물)을 미생물로 발효시켜 만듭니다. 따라서 화학조미료보다는 발효

---

* 합성고무는 1914년, 제1차 세계대전 중 독일에서 최초로 만들어졌습니다. 당시 독일은 연합군에 의해 고립된 상태여서, 각종 물자 부족에 시달리고 있었습니다. 그러나 이렇게 만든 합성고무의 질은 천연고무에 비해 낮았기에, 전쟁 이후에는 한동안 자취를 감췄답니다. 1925년에 천연고무 가격이 대폭 상승하자 합성고무에 대한 연구가 재개되었고, 품질 좋은 합성고무 발명에 성공해 오히려 합성고무가 더 많이 사용되고 있답니다.

조미료에 가까웠지만, 당시 핫한 '화학'이라는 단어를 썼던 것이 훗날 발목을 잡고 말았습니다. 물론 지금은 '화학'의 이미지가 실추되어 어떻게든 '화학조미료'라는 소리를 안 듣기 위해서 '고향의 맛'이라느니 'MSG 무첨가 천연 조미료'라느니 하며 안간힘을 쓰고 있지만요.

어쨌든 눈부신 화학의 발전은 우리 생활을 편리하게 해주었습니다. 무거운 금속이나 사기 대신 가볍고 색상도 예쁜 플라스틱 그릇이 등장했고, 저렴하면서도 질 좋은 천에 색색가지 물들인 옷을 만들어 입을 수 있게 되었습니다. 농약과 제초제의 개발은 해충과 잡초를 없애주고 식량 증산을 가능하게 해주었습니다. 합성세제는 빨래를 방망이로 두드리거나 삶지 않아도 때를 쏙 빼주니 이보다 더 좋을 순 없는 일이었죠. 이로써 인류는 전에는 누려보지 못한 '삶의 여유'가 생겨났고, 본격적으로 유유자적하고 삶을 즐기는 법을 배우기 시작했습니다. 그러나 이 행복이 무엇과 바꾼 대가였는지 밝혀지는 데는 그리 오랜 시간이 걸리지 않았답니다.

침묵의 봄과 도둑맞은 미래

레이첼 카슨은 세상을 발칵 뒤집은 책 『침묵의 봄』에서 환경오염으로 봄이 와도 새가 지저귀지 않고 생명체가 살지 못하는 불모의 땅을 '침묵의 봄'이라고 묘사했습니다.

당시는 DDT[dichloro-diphenyl-trichloro-ethane]를 비롯한 각종 살충제와 제초제가 농업 생산력을 높여 지구를 식량 위기로부터 구한다는 장밋빛 낙관론이 가득하던 시기라 그녀의 주장은 많은 업체의 비난을 받았습니다. 하지만 그녀의 주장은 틀리지 않았습니다. 농약과 제초제의 지나친 남용은 해충을 죽일 뿐 아니라, 다른 생명체에도 영향을 미치고 결국 이 성분들이 생태계 먹이사슬을 통해 축적되어 상위에 있는 생명체들에게도 치명적인 영향을 미칠 수 있다는 그녀의 주장이 현실로 나타나는 것은 시간문제였거든요.

30여 년이 지난 뒤, 미국의 동물학자 테오콜본은 자신의 저서 『도둑맞은 미래』에서 레이첼 카슨의 주장이 극단적이기는 했지만 결코 기우가 아니었음을 증명합니다. 이 책에서 콜본은 미국의 오대호 연안에 사는 새들 중 일부가 환경오염 물질로 인한 성행동 장애와 기형으로 멸종될 위기에 처해 있다는 사실을 고발하면서, 사회적으로 '환경호르몬'에 대한 경종을 울립니다.

이제 환경호르몬은 아주 흔한 말이 되었지요. 우리 몸속에는 여러 가지 호르몬이 존재하며 생체의 균형을 유지합니다. 성장호르몬은 어린아이를 자라게 하고, 성호르몬은 남성을 남성답게 여성을 여성답게 해줍니다. 인슐린은 혈당을 조절하고 엔도르핀은 사람을 행복하게 합니다. 호르몬은 생체 내에 아주 적은 양만 필요하지만, 만약 이것이 조금이라도 부족하거나 넘치면 생명체에 미치는 영향은 매우 큽니다. 여기서 유래한 단어가 바로 '환경호르몬'이지요.

사실 환경호르몬이란 말은 정식 명칭이 아닙니다. 1997년 5월, 일본 NHK 방송국에서 방송한 〈사이언스 아이〉라는 과학 프로그램에 요코하마 시립대학의 이구치 다이센井口泰泉 교수가 나와 '내분비계 교란 화학 물질EDCs'을 소개하면서 환경호르몬이라는 말을 처음 쓴 것으로 알려져 있습니다. "화학물질이 환경으로 방출되어 마치 호르몬처럼 작용한다"라는 말에서 별명처럼 불리다가 굳어진 것이죠. 원래 이 현상을 연구하던 서구의 학자들은 이 물질을 '외부의 물질이 체내로 들어와서 체내 호르몬 시스템을 교란시킨다'는 의미의 '내분비계 교란물질endocrine disrupters'이라고 불렀습니다. 그러나 우리에게는 환경호르몬이라는 단어가 더 익숙하니 그대로 쓰기로 하지요.

환경호르몬은 매우 안정되어 자연적으로는 잘 분해되거나 파괴되지 않고 환경에 존재하다가 생물체에 흡수되어 체내에서 호르몬과 비슷하게 작용하는 화학물질을 말합니다. 깡통 음료의 내부 부식을 방지하기 위해 코팅제로 사용된 비스페놀A, 농약과 살충제 성분이었던 DDT, 소각장에서 많이 발생하는 발암물질 다이옥신, 스티로폼의 주성분인 스티렌이성체 등이 포함됩니다. 환경호르몬으로 규정된 물질의 상당수는 현재 사용이 금지되었지만, 새로운 물질의 합성이 지속되고 있으니 그 위험성은 여전히 현재 진행형일 수 있습니다.

우리 몸을 휘젓는 악동, 환경호르몬

지금은 환경호르몬이 나오는 많은 물품이 사용 중지되었지만 환경호르몬에 대한 공포심은 아직도 남아 있습니다. 환경호르몬이 체내에 들어와 호르몬 작용을 한다고 했는데, 이게 왜 문제가 될까요? 그것은 환경호르몬의 대부분이 생명체의 성장·발육·생식에 관여하는 호르몬과 비슷한 작용을 하기 때문입니다. 호르몬hormone이란 신체의 내분비기관(뇌하수체, 갑상샘, 부신, 췌장, 난소, 정소 등)에서 생성되는 화학물질을 일컫는 말로, 신체의 각종 대사 작용을 조절합니다. 호르몬은 매우 적은 양으로도 기능하고, 혈액을 통해 신체 전반에 작용하며, 한 번 분비된 이후 작동 시간이 길기 때문에, 이 양이 조금이라도 넘치거나 부족하면 신체 전반에 이상이 생깁니다.

해외에서는 이미 1970년대에 수컷들이 교미에 관심을 보이지 않자, 암컷들끼리만 모여 둥지를 짓는 바다갈매기의 동성애 현상이 보고되었습니다. 플로리다의 악어들이 심하게 여성화되어 번식이 되지 않는 현상이 알려지면서 최초로 환경호르몬 문제가 알려졌습니다. 우리나라에서도 1998년 한국해양연구소가 조선소와 공업단지가 밀집한 진해와 마산 앞바다에 흘러든 트리뷰틸주석TBT, tributyltin에 의해 암컷 고둥의 20~30%에서 수컷 생식기가 나타나는 기현상이 보고되었습니다. 이 트리뷰틸주석은 커다란 배의 바닥에 조개나 해초 같은 바다 생명체가 달라붙지 못하게 막는 흡착 방지제로 페인트와 섞어

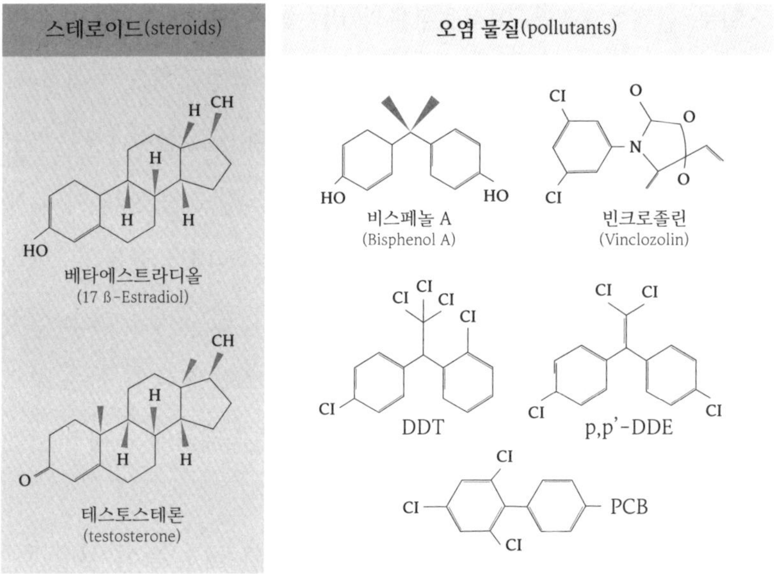

스테로이드(steroids)

베타에스트라디올
(17 ß-Estradiol)

테스토스테론
(testosterone)

오염 물질(pollutants)

비스페놀 A
(Bisphenol A)

빈크로졸린
(Vinclozolin)

DDT

p,p'-DDE

PCB

체내의 정상적인 호르몬 스테로이드와 환경호르몬으로 의심되는 오염 물질의 구조입니다.

선박에 바르는데 이 과정에서 문제가 생긴 것입니다.

이들이 문제가 되었던 건 우연히도 화학적 구조가 성호르몬과 비슷했기 때문입니다. 위의 그림은 정상적인 성호르몬steroids과 환경호르몬pollutants을 비교한 그림입니다. 얼핏 보면 다른 것 같지만 화학 물질에서는 실제로 수용체와 부착되는 작용기의 유사도가 더 중요한 역할을 합니다. 둘 다 육각형 구조의 고리가 두 개 이상 이어져 있는데, 환경호르몬이 체내 호르몬보다 훨씬 안정적이고 분해가 잘 되지 않아 체내로 들어오면 진짜 성호르몬보다 훨씬 강력하게 작용합니다.

일부 환경호르몬은 여성호르몬과 비슷하게 작용하는 경우도 있어서, 이런 환경호르몬에 지나치게 노출되면 남성에게는 생식력 저하와 여성화 현상이, 여성에게는 배란 장애와 유방암이 나타날 수 있습니다. 환경호르몬에 의한 남성의 정자 수 감소 현상은 이미 세계 각국에서 보고되고 있으며, 앞에서 이야기한 테오 콜본의 『도둑맞은 미래』의 부제가 '당신의 정자가 위협받고 있다'라는 다소 선정적인 이유도 여기에 있습니다. 게다가 환경호르몬은 극히 적은 양으로도 생명체의 내부 시스템을 교란시킬 수 있기 때문에 문제가 더욱 심각합니다.

태아의 발생에서 생식기가 형성되는 시기를 예로 들어 설명해보겠습니다. 태아는 임신 8주경까지 장차 남녀의 생식기로 자라날 뮐러관과 울프관을 동시에 가지고 있습니다. 이 시기 이후 유전적 성에 따라 여성에게는 뮐러관이, 남성에게는 울프관이 성숙해 생식기를 발달시키고 다른 한쪽은 퇴화됩니다. 하지만 처음에는 남녀 모두의 생식기관을 만드는 구조를 동시에 갖고 있기에, 남자 태아가 여성호르몬의 영향을 받거나, 여자 태아가 남성호르몬의 영향을 받으면 본래의 성과는 다른 모양의 생식기를 가지고 태어나기도 합니다. 이때 작용하는 호르몬의 양은 수십 피코그램pg, 1pg=10-12g 수준이어서, 아주 적은 양으로도 개체의 성적 분화에 심각한 영향을 미칠 수 있답니다.

환경호르몬은 개체의 생식력 저하와 불임 외에도 신경계와 면역계의 이상을 가져와 아토피를 비롯한 면역 질환과 각종 암의 증가에 원인이 된다는 의심을 받고 있습니다. 특히 대표적인 환경호르몬인 다이옥신의 경우, 생체 농축 현상이 극심해 가장 피해를 많이 받는 집단은 엄마 젖을 먹는 아기라고 알려져 있습니다. 인간은 생태계 먹이사슬의 맨 꼭대기에 위치하는 최고 포식자이므로 생체 농축도가 최고이고, 이 농축된 다이옥신이 포함된 젖이 아기에게 그대로 전달됩니다. 산드라 스타인그래버 박사는 그녀의 저서 『모성 혁명』에서 산모가 아기에게 젖을 먹이기 시작하자 실제로 체내의 환경호르몬과 독성 물질의 농도가 낮아진다는 연구 결과를 제시합니다. 그러면서 생태계 최종 소비자인 갓난아기를 보호하기 위해서라도 환경호르몬과 독성 물질의 사용을 엄격히 제한해야 한다고 주장하지요. 갓난아기가 독성 물질에 무방비로 노출되어 병들어간다면 인류의 미래도 병들어버릴 테니까요.

지방에 녹는 환경호르몬은 일단 체내에 들어오면 몸속의 지방에 차곡차곡 농축되고, 매우 안정해 자연 분해가 더디게 일어납니다. 따라서 처음부터 환경호르몬을 만들어내지 않는 방법 외에는 현재 뚜렷한 예방법이 없습니다.

따라서 세계 각국에서는 환경호르몬의 기능을 하는 물질을 사용하지 않도록 규제하고 있으며, 연구를 통해 이 물질의 특성을 밝혀내고 부작용을 예방하는 데 노력을 다하고 있습니다. 지금은 전기 절연체로 쓰이던 PCB를 생산하지 않고, 깡통 내부를 코팅하는 데도 비스페놀A를 잘 쓰지 않습니다.

자연과 공존하는 인류의 미래를 꿈꾸며

화학의 발달이 우리 삶을 풍요롭고 편리하게 만들어준 것은 사실입니다만, 그 이면에는 지나치게 화학제품을 사용한 대가가 도사리고 있습니다. 플라스틱 일회용 그릇은 사용하기에 편하고 설거지를 하는 불편도 덜어주지만, 뜨거운 음식을 담으면 코팅제가 녹아서 체내로 들어가 호르몬의 균형을 깨뜨릴 수 있습니다. 농작물 생산을 높이기 위해 잔뜩 뿌린 제초제와 살충제는 식량 생산력을 높여줄 수 있지만, 그 잔량은 물에 녹아들어 다시 곡식과 고기를 통해 인간의 몸으로 들어옵니다. 지나치게 낭비하고 남은 쓰레기를 태우는 과정에서도 다이옥신이 발생해 인체에 치명적인 영향을 주기도 합니다.

자연은 결코 호락호락하지 않습니다. 자연의 균형을 생각하지 않고 파헤쳐서 우리에게 이로운 것만 끄집어내면, 그 결과가 생태계를 돌고 돌아 결국 인간의 뒤통수를 치고 맙니다. 지난 20세기가 화학의 세기였고, 앞으로 생물학의 시대가 열린다면, 대규모의 물량 공세만 펼칠 것이 아니라 생물체 각자의 유기적 연결에 주목해 이 관계를 깨뜨리지 않는 범위 안에서 자연을 이용하고 더불어 살아갈 계획을 세워야 합니다. 이것이 지난 세기 비싼 대가를 주고 얻은 경험을 살리

플라스틱 속 환경호르몬

플라스틱은 환경호르몬이 비교적 적게 들어 있지만 오래 담아두면 음식에 스며들 수 있다고 합니다. 플라스틱 용기보다는 유리나 스테인리스 스틸 제품이 안전하다는 점을 기억해두세요.

는 길이고, 나아가 인간이 멸종하지 않을 방법입니다.

그나마 인류가 더 늦기 전에 이를 깨달은 것이 다행입니다. 물론 레이첼 카슨이 예측한 '침묵의 봄'은 오지 않았습니다. 그녀의 경고가 '침묵의 봄'이 오는 것을 막는 든든한 방어벽이 되어주었기 때문입니다. 엉터리 선지자가 잘못된 예언을 한 것이 결코 아닙니다. 그녀의 틀린 예측이 오히려 인류를 살린 '참된 예언'이 된 셈이죠.

작을수록 더 위험하다

사람들이 카슨의 예리한 경고에 귀 기울인 덕분일까요? 이제 그녀가 경고한 내분비교란물질에 의한 '침묵의 봄'은 우리 곁에서 조금 멀어진 것 같습니다. 하지만 최근 들어 또 다른 복병이 등장해 생태계 '사이런서silencer'의 자리를 넘보고 있는데요. 바로 미세 플라스틱microplastic입니다.

플라스틱은 20세기 인류가 발명한 소재 중 단연 최고라 할 수는 없지만, 적어도 최다로 쓰이고 있는 물질입니다. 가볍고 단단하면서도 자유자재로 모양과 색깔을 선택할 수 있지요. 썩지 않고, 물도 새지 않고, 가격도 저렴하고, 다른 물질과 잘 반응하지도 않습니다. 그래서 인류는 수백만 년 동안 사용해온 천연섬유, 목재, 유리, 석재, 금속 등 많은 소재 대신 플라스틱을 사용합니다. 하지만 플라스틱의 강점 중 하나인 내부식성, 즉 썩지 않는 성질이 곧 환경에는 재앙이 된다는 사실이 드러납니다. 썩지 않기 때문에 버려지는 족족 그대로 쌓이고, 이로 말미암아 '미세 플라스틱'이라는 문제까지 일어납니다.

미세 플라스틱이란 말 그대로 아주 작은 플라스틱을 말하죠. 연구자에 따라 미세 플라스틱의 기준이 다르지만, 대체로 5mm 이하의 작은 플라스틱 조각을 말합니다. 미세 플라스틱은 크게 처음부터 작게 만들어 생산한 1차 미세 플라스틱과 의도치 않았는데 만들어진 2차 미세 플라스틱으로 나뉩니다. 1차 미세 플라스틱 대부분은 연마제나 도포제 용도로 개발된 것입니다. 치약, 세정제, 면도 거품, 각질 제거제 등에 포함된 종류로, 치아나 피부를 구석구석 문질러 숨은 때를 씻거나 물질을 고르게 퍼지게 하는 역할을 합니다. 이들은 대부분 사용 후 물로 씻어내는 제품에 주로 들어가기 때문에 직접적인 수질 오염의 원인이 될 수 있습니다. 그런데 모든 미세 플라스틱이 1차적 물질이라면 오히려 문제 해결은 쉬워질 수 있습니다. 약간의 세정력은 포기하더라도 미세 플라스틱을 넣는 것을 막으면 되니까요. 하지만 미세 플라스틱의 생산을 완전히 중단하더라도, 미세 플라스틱이 환경을 오염시키는 것을 막을 수는 없습니다. 바로 2차 미세 플라스틱의 존재 때문입니다. 플라스틱은 썩지 않습니다. 썩지 않는다고 깨지거나 부서지지 않는다는 말은 아닙니다. 특히 바다에 플라스틱이 버려지면 파도의 충격과 온도 변화, 강한 자외선 등으로 물리적이고 화학적으로 깨지고 부서지기 마련입니다. 따라서 어떤 플라스틱도 바다에 버려진 채 오랜 시간이 지나면 결국 미세 플라스틱이 됩니다. 1950년대부터 2015년까지 생산된 플라스틱의 양은 약 83억톤이고, 잘 썩지 않는 플라스틱의 특성상 대부분은 폐기물로 버려집니다. 연간 바다에 버려지는 플라스틱의 양만 480~1,200만 톤 정도라고 합니다. 시간차를 두고서 해마다 수백만 톤의 2차 미세 플라스틱이 바다에 쌓이는 셈이지요.

그렇다면 미세 플라스틱은 왜 위험할까요? 미세 플라스틱은 작기 때문에 위험합니다. 바닷물에 흩뿌려진 미세 플라스틱은 해양 생물이 먹이를 먹고 숨쉬는 과정에서 몸속으로 유입된 뒤 빠져나가지 못하고 조직 내에 쌓입니다. 밀리미터 단위의 조금 큰 조각은 물고기나 기타 해양 생물이 먹이로 착각하고 섭취하기 쉽습니다. 플라스틱은 소화되지 않기 때문에 결국 쌓여서 소화관을 막거나 영양실조를 일으켜 죽음에 이르게 합니다. 더 작은 마이크로미터나 나노미터 단위의 미세 플라스틱은 더 위험합니다. 이들은 소화관에만 머물지 않고 호흡기와 순환기를 통해 흡수되어 몸 전체에 퍼지면서 물리적으로 세포를 자극해 손상을 입히기도 하고 알레르기를 유발하거나 만성 염증의 원인이 되기도 합니다. 미세 플라스틱 중에는 다른 물질을 흡착하는 성질이 강한 것도 있는데, 주변의 다른 오염 물질을 빨아들인 뒤 생물체 내부로 들어오면 더 심한 악영향을 미칠 수도 있습니다.

생체 내 자극의 정도는 크기가 작으면 작을수록 신체 내부에 더 깊숙이 침범해 더 많은 문제를 일으킵니다. 더욱 걱정되는 점은 인류의 플라스틱 사용량은 해마다 기하급수적으로 증가하고 있다는 것인데요. 2050년경이 되면 누적 플라스틱 생산량은 80억톤에 이를 것으로 추정됩니다. 이미 버려진 것도 감당하기 버거운데, 이만큼의 플라스틱이 또 버려진다면 앞으로 무슨 일이 벌어질까요?

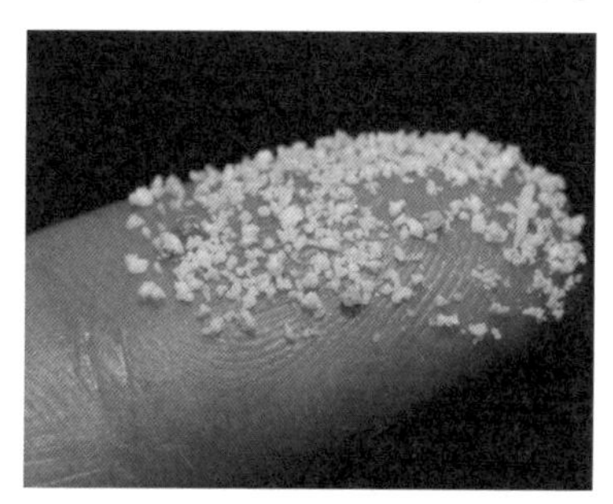
미세 플라스틱

07

밥상 위의 천사와 악마

백색 식품 과잉 시대

웰빙 바람이 불면서 채식 열풍이 휩쓸더니,
이제는 유기농 열풍이 사람들을 혹하고 있습니다.
그러면서 '백색 식품'에 대한 찬반 논란이 시끄럽습니다.

• • •

언제부턴가 '웰빙'이 우리 사회의 큰 이슈가 되었습니다. 원래 웰빙well being이란, 예부터 흔히 들어왔던 '잘 먹고 잘 살자'의 현대판 버전입니다. 그런데 이런 당연한 이야기가 왜 어려울까요?

웰빙 열풍이 가장 거세게 부는 곳은 바로 먹거리 시장입니다. 먹기 위해 사는지, 살기 위해 먹는지 헷갈릴 정도로 생명체에게 먹는 것은 중요하기 때문이지요. 채식에서 유기농으로, 컬러 푸드에서 자연식품을 거쳐 생식에 이르기까지 다양한 유행을 거치더니 이제는 도무지 유행을 따라가기도 힘들 정도입니다. 하지만 공통점이 있습니다. 백색 식품에 대한 거부감입니다.

백색 식품白色食品이란 말 그대로 색깔이 하얀 식품을 뜻합니다. 백색 식품 중에는 몸에 좋다고 권장되는 식품(우유, 닭고기 등)도 있지만, 부정적인 이미지를 가지는 식품도 많습니다. 우리가 현대인의 병이라고 생각하는 비만, 당뇨, 고혈압, 심장병 등의 원인으로 백색 식품—백미, 밀가루, 설탕, 조미료 등—이 의혹을 받고 있으니까요. 요즘 들어 우리 몸에 나쁘다는 인식이 더욱 강해져서, 백색 식품을 먹어서는 안 될 것으로 치부하는 경향이 있습니다만, 정작 백색 식품은 이런 취급이 억울할지도 모릅니다. 사실 모든 원인은 무엇이든 지나치게 섭취한 인간 자신이거든요.

백색 식품의 정체는?

백색 식품으로 불리는 것 가운데, 먼저 백미와 밀가루를 알아볼까요? 인공 조미료와는 달리 이 식품은 오래전부터 먹어왔고 먹지 않을 수 없는 주식이기도 합니다. 수확한 벼의 낟알을 둘러싼 왕겨를 벗겨낸 것이 현미이고, 이 현미의 겨를 다시 벗겨낸 것이 백미입니다. 이렇게 겨를 벗겨내는 과정을 도정이라고 하는데, 백미는 완전히 도정해 겨가 하나도 붙어 있지 않은 흰쌀을 가리킵니다. 밀은 밀의 싹이 되는 부분인 배아, 영양분인 배유, 밀기울이나 껍질로 불리는 표피로 구성되어 있는데, 밀가루는 이 중에서 배유 부분만 분리해 가루로 빻은 것입니다. 다시 말해, 백미와 밀가루는 둘 다 원래의 곡식 낟알에서 껄끄럽거나 소화가 잘 안 되는 부분은 모두 벗겨낸 탄수화물 덩어리인 셈이죠.

옛날 사람들은 이런 백색 식품을 매우 동경했습니다. 먹거리가 부족해 초근목피草根木皮까지 먹는 마당에, 그대로도 먹을 수 있는 현미의

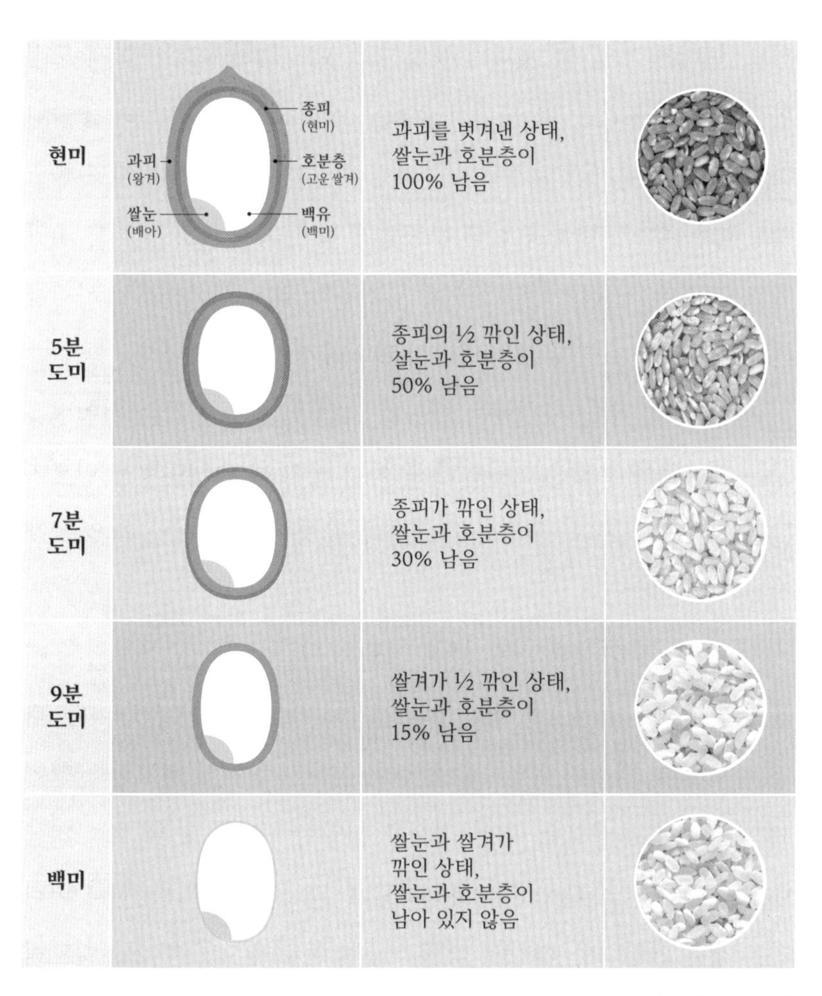

쌀의 도정 과정

껍질을 벗기거나 밀기울을 분리해서 빻는 것은 기술적인 문제도 있었지만 일종의 사치였습니다. 그러나 식량 생산이 증대되고 먹거리가 풍부해지면서, 사람들은 더 맛있고 더 부드러운 음식을 찾게 되었지요. 현미는 겨를 덜 벗겨내 뻣뻣하고 맛도 덜하지만, 뽀얗게 도정한 백미는 부드러울 뿐 아니라 소화도 잘되고 찰진 맛이 더 좋습니다. 밀기울을 제거한 밀가루는 눈처럼 하얗기 때문에 보기에도 좋고 맛도 좋은데다가 반죽을 하면 부드럽게 잘 부풀어 오르니 더욱 좋았겠죠. 그런데 사람들이 백미와 흰 밀가루만 먹기 시작하면서 사람들의 몸속에서는 보이지 않는 반란이 일어나기 시작했습니다.

언제부턴가 우리 주변에는 당뇨나 고혈압, 심장병 같은 성인병을 앓는 사람들이 부쩍 늘어났습니다. 이런 골치 아픈 성인병을 일으키는 주범으로 지목된 것이 바로 백미와 흰 밀가루, 백설탕 같은 백색 식품이랍니다.

결론부터 말하자면, 이런 백색 식품은 병균이나 독극물처럼 우리 몸에 들어가 직접적으로 병을 일으키거나 해를 끼치지 않습니다. 다만 너무 많이 먹으면 영양소의 편중이 심해져 신체의 미묘한 균형이 깨지는 것이 문제지요. 백색 식품은 영양학적으로 볼 때, 칼로리를 내는 녹말이 거의 대부분을 차지하고, 이외에 필수 미네랄이나 비타민은 적은 편입니다. 따라서 백색 식품만 주로 먹으면 지나친 칼로리 섭취로 이상이 생길 수 있습니다.

이는 우리가 부드러운 맛과 시각적인 아름다움을 건강에 중요한 영양소들과 바꾼 결과입니다. 백미는 깎아낼 때 껍질뿐 아니라 씨눈까지도 모두 떨어져 나가죠. 이 과정에서 현미가 가지고 있던 영양소와 섬유질도 모두 깎여버립니다. 현미의 껍질과 씨눈에는 섬유질

백색 식품

백미와 흰 밀가루, 백설탕 등은 백색 식품의 대명사입니다. 그중 설탕은 몸에 필요한 단백질, 지방, 섬유질, 미네랄, 비타민이 전혀 없는 순수 탄수화물 식품으로 비만뿐 아니라 비타민 및 미네랄 부족 현상을 가져온다는 비판을 받고 있습니다.

과 비타민B1, 비타민B2, 인, 철분, 리놀렌산 등 우리 몸에 좋은 성분이 다량 함유되어 있습니다. 백미로 도정하면 이 성분들이 다 깎여 나가고 오로지 탄수화물과 약간의 단백질만 남습니다. 특히 쌀에 많이 든 탄수화물을 처리하려면 비타민B가 필요한데, 이를 완전히 제거했으니 문제가 생길 수 있습니다. 현미가 도정을 덜해 씹을 때 까끌까끌한 느낌이 들고 소화도 느리지만, 오히려 이런 이유로 과식을 방지할 수 있고 변비를 해소시켜주기도 하지요. 물론 현대인들은 오로지 쌀밥만 먹는 건 아니기 때문에, 부족한 영양소는 다른 반찬으로 얼마든지 섭취할 수 있습니다. 문제는 칼로리죠.

현미와 백미
현미는 백미에 비해 풍미가 떨어져 먹기에 불편하다고 하죠. 하지만 현미에는 천연 염분 작용을 하는 각종 무기염류와 비타민이 듬뿍 들어 있어 씹을수록 맛이 더해지고 소화액과 잘 섞여 소화 흡수가 잘 된답니다.

게다가 이렇게 가공된 백색 식품은 맛과 소화율이 좋아, 우리 몸에 필요한 양보다 칼로리를 과다 섭취하게 합니다. 우리 몸은 에너지원(탄수화물, 지방, 단백질)이 들어오면 소화 과정을 통해 이를 잘게 쪼개 포도당 형태로 만들어 몸을 유지하는 에너지로 사용합니다. 들어온 포도당을 다 써버리면 문제가 없지만, 너무 많으면 쓰고 남게 됩니다. 포도당은 우리 몸에 반드시 필요한 에너지원이기 때문에, 우리 몸은 남은 포도당을 그대로 몸 밖으로 배출하는 아까운 짓은 하지 않습니다. 즉, 우리 몸은 남은 포도당을 굶주림을 대비해 가장 사용 순위가 낮은 지방으로 변화시켜 몸에 쌓아두는 것이죠.

넘침은 모자람만 못하다

오랜 옛날부터 인간은 먹거리가 부족한 환경에 적응하기 위해 남는 포도당을 여러 단계에 거쳐, 가장 에너지를 많이 낼 수 있는 지방의 형태로 바꾸어 몸에 축적하는 시스템을 갖게 됩니다. 이렇게 남는 에너지가 계속 쌓이면? 이 상태가 바로 비만입니다. 비만은 이제 가장 흔하게 나타나고 다른 질병의 원인이 되는 경우가 많아서 21세기의 가장 위험한 질병으로 여겨지고 있습니다.

게다가 혈액 속에 포도당의 수치가 높아지면 쉽게 당뇨병이 생깁니다. 췌장의 β세포는 핏속 포도당의 양, 즉 혈당을 감지하고 인슐린을 분비해 혈당을 조절합니다. 식사 후, 핏속에 포도당의 양이 늘어나면 췌장은 인슐린을 분비해 남는 포도당이 간에 글리코젠의 형태로 저장됩니다. 만약 핏속에 혈당이 부족해지면 인슐린 분비를 중지시키고 글루카곤의 분비량을 늘려 다시 글리코젠을 포도당으로 바꿔 늘 적당한 양의 포도당이 혈관 속에 존재하게 만듭니다.

그런데 에너지원의 지나친 섭취로 늘 혈관 속에 포도당이 많이 존재하면, 췌장은 점점 더 많은 인슐린을 분비해야 하고 결국 이 시스템에 과부하가 걸립니다. 이제 인슐린에 대한 저항성이 생겨 인슐린이 제대로 기능하지 못해 혈당이 제대로 조절되지 않습니다. 그렇다면 어떻게 될까요? 핏속에는 포도당이 넘치는데 인슐린 저항성으로 글리코젠으로 저장해주는 일이 제대로 이루어지지 않으면, 신장에서는 포도당을 완벽히 걸러내지 못하고 소변에 당이 섞여 나오게 되지요. 당뇨란 바로 소변尿 속에 포도당糖이 섞여 나오는 병이랍니다. 이처럼 비만으로 촉발된 인슐린 저항성 당뇨병을 '제2형 당뇨병'이라 하는데, 이는 그 자체로도 위험하지만, 동맥경화나 고혈압, 심혈관 질환 등 무서운 성인병을 일으키는 기폭제가 되기도 합니다.

21세기 들어 갑자기 당뇨병이나 고혈압, 심혈관 질환의 발병률이 폭발적으로 증가하는 원인 중 하나로 사람들은 백색 식품의 과량 섭취를 꼽습니다. 완전 도정되지 않은 현미나 밀을 빻아 밀가루를 만들고 남은 찌꺼기인 밀기울이 섞인 밀은 전분뿐 아니라 다른 필수 영양소와 섬유질을 충분히 섭취하고 있습니다. 인간은 섬유질을 소화시키지 못하기 때문에, 섬유질은 장을 자극해 움직임을 활발하게 만들어 체내에 지나치게 찌꺼기가 쌓이는 것을 방지합니다. 또한 이들은 섬유질이 많아 식감이 거칠기 때문에 더 꼭꼭 씹어 먹어야 합니다. 오랫동안 꼭꼭 잘 씹는 것만으로도 식욕을 다스리고 과식을 방지하는 효과가 있답니다.

또 하나의 사실, 밀가루 알레르기

흔히 한약을 먹을 때는 술, 담배, 커피는 물론이고 밀가루 음식을 먹지 말라는 말을 듣습니다. 술, 담배, 커피는 이해하겠는데, 왜 밀가루 음식도 먹으면 안 될까요?

이에 관해서는 여러 의견이 많습니다. 밀가루는 소화가 잘 안 된다느니, 밀가루는 찬 기운이 있어 한약과 잘 맞지 않는다느니, 밀가루는 원래 우리나라 작물이 아니라 한국 사람 몸에 맞지 않는다느니 하는 이야기를 한번쯤은 들어보셨을 거예요. 그럼 매일매일 주식으로 밀가루를 먹는 서양인들은 늘 소화불량에 시달려야 하는데, 꼭 그런 것만은 아니거든요. 뭐, 서양인과 동양인의 체질 차이 때문에 이런 현상이 나타난다면 할 말이 없지만, 저는 밀가루 알레르기와 저질 밀가루의 유통 때문에 오해를 불러일으킨 것이 아닐까 생각합니다.

밀가루에는 글루텐이라는 단백질이 존재하는데, 서양인의 경우 전 인구의 약 0.5~1%에서 글루텐 알레르기인 셀리악병이 나타납니다. 글루텐 알레르기가 있는 사람이 밀가루 음식을 먹으면, 설사, 식욕부진, 구토, 복부팽만, 탈수 등과 함께 대변이 회색으로 변하는 증상을 보입니다. 특별한 치료법은 없고, 글루텐이 많이 든 밀, 보리, 호밀, 귀리, 메밀 등을 먹지 않는 것이 유일한 대처 방안이죠. 밀가루로 만든

글루텐 0%

브라질의 한 제과업체의 홍보용 로고입니다. 이 제과업체는 밀가루 알레르기를 일으키는 이들을 대상으로 글루텐이 포함되지 않은 제과류를 생산해 판매하고 있습니다.

빵이나 과자, 케이크는 물론이고 보리차, 메밀국수, 맥주도 먹어서는 안 됩니다. 대신, 옥수수나 감자, 쌀, 콩 등은 괜찮지요.

갓 구운 빵처럼 군침을 돌게 하는 것도 없을 거예요. 그러나 이렇게 맛있는 빵도 어떤 이에게는 알레르기를 일으키는 치명적인 독약이 될 수 있답니다.

글루텐 알레르기는 서양에서는 많이 연구되어 있으나, 우리나라에서는 아직까지 사회문제로 대두된 적은 없습니다. 우리나라에서도 셀리악병 환자가 공식적으로 보고된 해가 2014년일 정도로 매우 희귀하기 때문입니다. 다시 말해 우리나라 사람 중에는 셀리악병에 걸려 글루텐이 든 밀가루 음식을 먹지 못하는 이들이 극히 드물다는 이야기입니다. 진짜 셀리악병 환자라면 밀가루 음식뿐 아니라 보리밥이나 보리차, 메밀국수나 메밀묵도 먹어서는 안 되는데 이런 사례는 아직 보고된 바가 없습니다.

밀가루가 몸에 나쁘다는 선입견을 갖게 한 또 하나의 이유는 밀가루의 흰색을 내기 위해 한때 표백제를 사용했던 악덕 상인들의 범죄 행위입니다. 밀을 빻아 가루로 만들면 처음에는 그다지 흰색을 띠지 않습니다. 곱게 빻은 밀가루를 공기 중에 오랫동안 방치하면 자연스레 희게 변하지만, 빨리빨리 생산해 팔아야 하는 공장에서는 이 시간을 단축하고자 과황산암모늄·과산화벤조일·과산화질소 등의 표백제로 밀가루를 표백하는 경우가 있었다고 합니다. 또한 이런 물질은 글루텐이 잘 형성되도록 도와 제분 과정에서 사용되기도 했지요. 하지만 최근에는 제분 기술의 발달과 엄격한 식품위생법에 따라 이런 일이 거의 사라졌지만 아직도 이에 관한 고정관념과 선입견은 여전히 남아 있습니다.

우리의 할 일은?

우리 속담에 "밥이 보약이다" "먹고 죽은 귀신이 때깔도 좋다" "금강산도 식후경" 등 음식에 관한 속담이 많습니다. 대부분 음식의 중요성이나 식탐에 관한 내용이지요. 그만큼 먹는 것이 절박하고 먹거리가 귀한 시기에는 음식을 골라 먹을 여유도 없고 가공 기술도 부족했기 때문에, 도정이 덜 된 쌀과 밀기울이 섞인 통밀가루를 먹었을 겁니다. 그러나 식량 생산에 여유가 생기면서 완전히 도정된 백미와 밀기울이 조금도 섞이지 않은 흰 밀가루를 먹기 시작했는데, 이제 그보다 더 여유가 생기자 오히려 사람들은 다시 현미와 통밀가루를 찾고 있습니다. '웰빙'이라는 명목하에 말이죠.

세상이 흘러가는 걸 보면 돌고 돌아서 다시 원점으로 오는 일이 참 많습니다. 우리 땅에서 농약과 화학비료 없이, 우리 손으로 기른 먹거리가 우리에게 가장 잘 맞고, 그 먹거리를 있는 그대로 먹는 것이 우리 몸에 가장 좋다는 사실을 우리는 참 멀리멀리 돌아와서 깨닫습니다. 자연 그대로의 식품을 먹는 것이야말로 자연의 일부인 인간에게 가장 좋은 일이지요.

비타민과 무기질의 역할

비타민과 무기질은 에너지를 생산하지는 못하지만, 우리 몸의 구성과 조절에 반드시 필요해 부족하면 다양한 이상 증세가 나타납니다.

뼈를 구성하는 칼슘Ca이 부족하면 성장이 멈추고 뼈와 이가 약해집니다. 심하면 뼈가 굽는 구루병이 생길 수도 있고요. 마그네슘Mg이 부족하면 신경 장애가 오고, 칼륨K이 부족하면 근육이 약해집니다.

비타민A가 부족하면 눈에 영향을 미쳐 각막 건조증이나 밤에는 아무것도 보이지 않는 야맹증을 유발합니다. 비타민C가 부족하면 괴혈병이 발생할 수도 있습니다. 괴이한 출혈을 뜻하는 괴혈병은 별다른 이유 없이 잇몸이나 내장 기관에서 출혈이 일어나므로 위험한 병이라고 할 수 있죠.

비타민B군도 매우 중요합니다. 특히 우리의 주식인 백미에는 현미에 풍부한 비타민B군이 거의 들어 있지 않습니다. 비타민B군이 부족하면 다음과 같은 증상을 야기하지요. 티아민B1이 부족하면 각기병(식욕부진, 두통, 권태감과 더불어 다리가 붓고 마비가 오며 심장 기능 이상을 일으킴)을, 리보플라빈B2이 부족하면 잇몸과 혀의 염증을, 엽산B12이 부족하면 악성빈혈과 태아의 신경관 이상을 초래할 수 있지요.

이들 가운데 몸에서 합성할 수 있는 것도 있지만, 합성할 수 없을 때는 반드시 음식물을 통해 보충해야 합니다. 우리가 흔히 먹는 마늘에는 알리티아민이라는 활성 비타민B1이 들어 있어 티아민이 부족할 때 마늘을 먹으면 좋습니다. 이런 걸 다 챙겨 먹기 귀찮다면? 요즘에는 종합비타민제가 비싸지 않은 가격으로 다양하게 나와 있으니 구매해서 복용하면 됩니다. 참고로 천연 비타민이든 합성 비타민이든 성분과 효능은 동일하니 함량이 충분하다면 어떤 것도 괜찮답니다.

종합비타민제

08

생명의 상아탑 위에 만들어진 노벨상

다이너마이트의 발명

100년이 넘는 세월이 흘렀어도
여전히 노벨상은 그 의미가 퇴색하지 않았고,
오히려 이제는 세계에서 가장 권위 있는 상이 되었습니다.

포항공대의 빈 좌대

사진 © 포항공대

포항공대에 마련된 '미래의 한국 과학자' 자리.

제가 고등학생이던 1990년대 초반에 방학 때마다 포항공대에서 대대적인 행사가 열렸습니다. 전국 각지의 이과 고등학생들을 초대해 포항공대에서 1박 2일 동안 대학 모의 체험을 하는 행사였죠. 10개 학과로만 이루어진 단과대학 건물로는 믿어지지 않는 커다란 규모의 연구실과 캠퍼스를 둘러보면서, 당시 과학자를 꿈꾸던 저는 그 학교에 다니는 학생들이 참으로 부러웠습니다. 학교 구석구석을 돌아다니던 중 대학 도서관 앞에서 특이한 조각상들을 보았습니다. 에디슨, 아인슈타인, 맥스웰, 뉴턴 등 누구나 이름만 대면 아는 유명한 과학자들의 동상이 서 있었습니다. 그런데 맨 끝에 있는 조형물은 좌대만 덩그러니 있을 뿐 조각상이 얹혀 있지 않았어요. 이상해서 가까이 다가가보니 이런 명패만 붙어 있었죠. '미래의 한국 과학자.'

포항공대는 처음에 이 조형물들을 지을 때 앞으로 우리나라에서 노벨상 과학 부문 수상자가 나오면 그분의 흉상을 올리고 이름을 새겨 넣으려고 일부러 비워놓았다고 합니다. 1985년 처음 포항공대가 세워질 때, 15년쯤 후면 채워지지 않을까 기대했던 좌대는 35년이 지난 지금까지도 여전히 비워진 채 주인을 기다리고 있답니다.

노벨상을 받진 않았지만 우리나라에도 훌륭한 과학자들이 많습니다. 그럼에도 노벨상을 받은 사람을 한국의 대표 과학자로 꼽아 흉상을 만들겠다는 포항공대는 물론이고, 일반인들도 노벨상 수상자를 한국을 대표하는 과학자로 삼는 데 별다른 이의가 없어 보입니다. 그만큼 노벨상의 권위와 상징성이 대단하다는 말이겠지요. 이 장에서는 노벨상과 그 노벨상을 있게 한 다이너마이트를 통해 과학의 두 얼굴을 들여다보기로 하지요.

노벨상, 한 백만장자의 꿈

과학에 어지간히 관심이 없는 사람도 노벨상은 한 번쯤 들어봤을 거예요. 1833년 스웨덴의 스톡홀름에서 태어난 알프레드 노벨Alfred

Bernhard Nobel, 1833~1896은 뛰어난 화학자이자 사업가였습니다. 그는 1896년 63세를 일기로 사망하기 전까지 결혼도 하지 않은 채, 오로지 발명과 사업에만 열중해 100건이 넘는 특허를 받았고, 전 세계 15개국에 공장을 지어 엄청난 부를 쌓았습니다.

알프레드 노벨
스웨덴의 발명가, 화학자, 노벨상의 제정자로 알려진 사람입니다. 다이너마이트의 발명으로 그는 '죽음의 상인'이라는 오명을 얻기도 했지만, 세상이 더 편리해졌다는 사실도 부정할 순 없겠죠.

억만장자인 노벨이 세상을 떠났을 당시, 사람들은 그의 유언장에 무슨 내용이 적혀 있는지 궁금했습니다. 부인도 자식도 없던 노벨의 많은 유산이 과연 누구에게 돌아갈지, 행운의 주인공은 과연 어떤 반응을 보일지 지켜보는 일은 흥미진진했습니다. 노벨의 친척은 물론이고, 비서나 하인까지도 어쩌면 자신에게 떨어질지도 모를 '대박'의 꿈을 꾸었을지 모릅니다. 그러나 노벨의 유언장은 모든 사람의 상상을 뒤엎고 말았습니다. 유언장에는 전 재산을 대리인(노벨 재단)에게 맡기고 대리인은 이 재산을 안전한 곳에 투자해 기금을 조성하라고 쓰여 있었거든요. 그리고 어마어마한 기금에서 나오는 이자는 해마다 물리학, 화학, 생리학 및 의학, 문학, 평화 다섯 분야에서 공헌한 사람을 뽑아 상금으로 수여하는 '노벨상The Nobel Prize'을 제정하라는 말이 덧붙여 있었죠. 처음에 노벨상은 다섯 분야였지만, 1969년부터는 경제학 분야가 추가되어 지금은 총 여섯 분야에서 상을 수여하고 있습니다. 초기 노벨상 상금은 15만 크로나(약 2,000만 원) 정도였으나, 물가 인상률이 반영되어 1,100만 크로나(약 13억 원)로 올랐습니다. 게다가 노벨상 상금에는 따로 세금이 붙지 않기 때문에 전액 수령이 가능합니다. 한 분야에서 세 명까지 공동 수상할 수 있으며, 이 경우에는 상금을 똑같이 나누어 받게 됩니다.

노벨상

노벨상은 1901년부터 주어졌으며, 지금은 물리학, 화학, 의학(생리학 포함), 문학, 평화 분야에 경제학이 포함되어 총 여섯 분야에서 수여합니다. 노벨상 수상자 선정은 스웨덴왕립아카데미와 노르웨이노벨위원회가 주최하며 시상식은 매년 12월 10일 스웨덴 스톡홀름에서 개최됩니다.

120년이 흘렀어도 노벨상은 여전히 의미가 퇴색하지 않았고, 오히려 이제는 세계에서 가장 권위 있는 상이 되었습니다. 몇몇 경우를 제외하고는 노벨상을 받는다는 것은 개인적으로도 국가적으로도 대단한 영예가 되었습니다. 해마다 노벨 위원회는 전 세계적으로 각 분야에서 가장 위대한 업적을 세운 사람을 추천받아 면면을 꼼꼼히 살펴서 공정하게 수상자를 선정합니다. 이 과정이 매우 엄격하고 투명하기 때문에 노벨상의 권위가 지금껏 지켜져올 수 있었던 것이죠.

노벨이 어떻게 이런 엄청난 규모의 사업을 생각해냈는지는 아무도 모릅니다. 노벨이 50대가 된 어느 날, 프랑스 신문에 '죽음의 상인 노벨, 사망하다'라는 제목의 기사가 난 적이 있습니다. 당시 노벨의 가까운 친척이었던 루드비그 노벨이 프랑스 칸cannes 지방에서 사망했는데, 이를 착각한 프랑스 신문이 알프레드 노벨인 줄 알고 이런 기사를 썼던 것입니다. 기사가 나간 지 얼마 되지 않아 오보로 밝혀졌지만, 알프레드 노벨은 자신이 죽은 뒤 사람들이 자신에게 '죽음의 상인'이라는 별명을 붙일 예정이라는 사실에 매우 큰 충격을 받았습니다. 이때부터 노벨상을 구상하게 되었고, 특히 노벨상에 평화상 부문을 넣은 것은 아닌지 후세의 역사가들이 추측하고 있지요.

화약, 그 위험한 유혹

서론이 좀 길었지만 이제 본격적으로 이야기를 시작하지요. 폭발하는 물질을 나타내는 의미로 영어에서는 explosive라는 단어를 사용하는데, 우리나라에서는 '화약'과 '폭약'으로 나누어 번역됩니다. 사전을 찾아보면 화약은 액체나 고체로 된 물질 중 폭발을 일으킬 수 있는 모든 물질을 가리키지만, 좁은 의미로는 단순히 터지기만 하는 물질을 나타냅니다. 이에 비해 폭약은 폭발하면서 2차적인 충격파를 일으키고, 고압 충격파·열·가스를 만들어내는 초음속의 폭약 반응인 폭굉detonation을 일으키는 물질을 일컫습니다. 폭약을 수류탄 같은 일정한 용기에 담은 것이 바로 폭탄이고요.

노벨이 살았던 19세기는 산업혁명이 전 유럽으로 퍼지는 시기였습니다. 예전의 농경 사회에서는 대개 대규모 공사가 필요하지 않았습니다. 그러나 산업과 도시가 발달하고 공산품이 생산되고 유통되면서 대규모 공사가 불가피해졌습니다. 공장에서 대량으로 생산되는 제품을 유통시키려면 일단 도로망이 잘 정비되어야 합니다. 평평하고 넓은 길을 반듯하게 닦아야 하니 중간에 산이 있으면 터널도 뚫어야 하고, 강이 있으면 다리도 놓아야 합니다.

또한 산업이 발달하면서 증기기관을 돌리는 석탄의 수요량은 갑자기 늘어났고, 기계와 장비를 만들고 건물을 세우기 위한 철·구리·납의 수요량도 늘어났습니다. 이게 모두 어디서 나오나요? 채석장에서는 끊임없이 석재를 파내고, 탄광·금광·은광·철광을 찾아 땅을 파고 들어가야 합니다. 혹시 '삽질'을 해본 사람이 있을지 모르겠는데, 인간의 힘만으로 땅을 파고 돌을 깨는 건 여간 어려운 일이 아닙니다. 석재와 광물의 수요량은 날이 갈수록 늘어만 가는데, 공급이 따라가질 못하니 당연히 쉽게 땅을 파고 구멍을 뚫을 수 있는 '화약'이 절실해졌답니다.

물론 당시에도 화약은 있었습니다. 원래 화약은 종이, 나침반, 인쇄술과 더불어 중국의 4대 발명품 가운데 하나입니다. 중국의 연단술煉丹術에서는 여러 가지 물질의 합성을 연구했다고 해요. 연단술이란 고대 중국에서 평범한 물질로 황금이나 불로장생 약 등을 만든 기술로 서양의 연금술과 비슷합니다. 이 약을 복용하면 늙거나 죽지 않으며, 몸이 가벼워져 하늘을 날 수 있고, 귀신을 부림으로써 변신 등 초능력을 지닌 신선이 될 수 있다고 생각했답니다. 서진의 정사원鄭思遠, 264~322이 저술한 연단술 책 『진원묘도요약眞元妙道要略』에는 "황과 비소가 함유된 광석인 웅황雄黃을 초석이 들어 있는 용기 중에서 밀폐해 가열했더니 불꽃이 발생하여 손에 화상을 입었다"라는 내용이 있다고 합니다. 여기서 언급한 황, 초석 등은 노벨 이전의 사람들이 주로 사용한 흑색화약黑色火藥, black powder과 같은 성분으로 중국인들은 이미 이 시대에 기초적인 화약을 제조했던 것으로 보입니다.

다이너마이트,
니트로글리세린과 규조토의 만남

본격적으로 흑색화약 제조법이 정립된 시기는 7세기경(중국의 손사막이 그 원형을 발명함)이며, 서양에서는 13세기 이후에야 퍼지기 시작합니다. 흑색화약은 질산칼륨 75%, 황 15%, 목탄 10%로 구성되며, 19세기 후반 다이너마이트와 무연無煙화약이 발명되기까지 거의 유일한 폭약으로 사용되었지요. 그러나 흑색화약은 대규모 토목공사나 탄광 작업에 사용하기에는 아쉬운 점이 많았습니다. 사람들은 단순히 터지기만 하는 '화약'이 아니라, 아무리 커다란 돌덩이라도 삽시간에 터뜨릴 수 있는 강력한 '폭약'을 바랐습니다. 그리고 이 열망을 만족시켜준 사람이 바로 알프레드 노벨입니다.

노벨이 발명한 다이너마이트는 니트로글리세린이라는 물질을 규조토에 흡수시킨 막대형 폭약입니다. 원래 니트로글리세린Nitroglycerin은 1846년 이탈리아의 소브레로Sobrero가 글리세린을 진한 황산과 질산에 반응시켜 처음 합성했습니다. 무색투명한 이 액체는 파괴력이 매우 강해 흑색화약보다 훨씬 매력적이었습니다. 그러나 니트로글리세린은 너무 불안정해 약간의 충격에도 폭발할 정도로 매우 위험한 데다가, 막상 적당한 위치에서 폭발시키려면 불을 붙여도 폭발하지 않는 등 매우 까다로운 폭약이었습니다. 운반할 때는 조금만 부주의해서 떨어뜨리기만 해도 폭발하다가도, 막상 터뜨리려고 하면 잘 되지 않으니 다루기가 쉽지 않았지요. 그렇다고 사람이 니트로글리세린 옆에 있다가 망치로 때려서 폭발시킬 수도 없잖아요. 그랬다간 그 사람은 뼈도 못 추릴 거예요.

사실 노벨을 처음에 부자로 만들어준 발명품은 기폭 장치인 '뇌관'을 만들어 니트로글리세린에 붙여준 것이었습니다. 쉽게 말하면 니트로글리세린에 방아쇠를 달아준 것입니다. 운반할 때만 조심하면 필요한 곳 어디서든 강력한 폭발을 일으킬 수 있습니다. 이 발명으로 노벨은 떼돈을 벌었고, 그럭저럭 사업도 번창해 나가는 듯싶었습니다. 그러나 얼마 지나지 않아 노벨의 니트로글리세린 공장에서는 취급 부주의로 대규모 폭발 사고가 일어나기 시작하면서 여론은 노벨을 점점 궁지로 몰아갔습니다. 설상가상으로 노벨이 직접 운영하는

노벨이 발명한 다이너마이트
노벨이 다이너마이트를 발명하기 전에 광산에서는 액체 상태의 니트로글리세린 자체를 폭약으로 사용했습니다. 니트로글리세린은 흑색화약보다 폭발력은 강했지만 매우 불안정해 작은 충격에도 쉽게 터져 인명 사고가 나기 일쑤였습니다. 이에 안전하고 폭발력도 좋은 다이너마이트의 발명은 광산에 새로운 변화를 가져왔답니다.

공장에서도 사고가 나면서 남동생 에밀을 잃고 맙니다. 이때부터 노벨은 미친 듯이 니트로글리세린을 안정화할 수 있는 물질을 찾기 시작했습니다.

사실 발명가는 별난 사람이 아닙니다. 다른 사람이 모르는 것을 혼자만 알아낸 천재가 아니라, 다른 사람이 보았지만 인식하지 못하는 작은 사건이나 차이를 포착해 실생활에 응용하는 사람이지요. 노벨도 마찬가지였습니다.

여러분이 컵에 가득 찬 물을 실수로 밀가루에 떨어뜨렸다면 어떻게 반응하시겠어요? 성격이 급한 사람은 “에이, 밀가루가 젖어버렸잖아!”라며 화를 내겠죠. 좀 더 낙천적인 사람이라면 “밀가루가 젖은 김에 반죽해서 빵이나 구워 먹자”라고 말할지도 모르겠습니다.

그렇지만 노벨은 이런 현상에서 니트로글리세린을 안정화시킬 수 있는 방법을 찾아냈습니다. 즉, 밀가루에 물을 넣어 반죽하면 덩어리가 되는 것처럼, 무색투명한 액체인 니트로글리세린을 가루에 흡수시킨 뒤 반죽해 고체로 만들면 쉽게 폭발하지 않을 것이라고 생각한 것이죠. 이후 노벨은 숯가루, 벽돌 가루, 톱밥 등 고운 가루를 찾아 니트로글리세린을 흡수시키는 실험을 거듭했습니다. 그래서 결국 찾아낸 것이 바로 규조토입니다.

규조토硅藻土, diatomaceous earth는 해조류의 일종인 규조류의 사체가 해저에 퇴적되어 형성된 토양으로, 이산화규소SiO_2를 90% 이상 포함하고 있습니다. 성질은 점토와 비슷하지만 좀 더 단단해 유리에 대고 문지르면 유리 표면이 긁히고 흡수력이 강합니다. 건조한 상태에서는 최고 중량의 네 배 정도 되는 수분을 흡수할 수 있습니다. 따라서 여러모로 규조토가 좋은 대안이 되었지요.

좋은 규조토는 자신의 무게의 두 배 가까이 니트로글리세린을 흡수하고 잘 반죽하면 얼마든지 원하는 모양으로 변형될 수 있습니다. 이렇게 만들어진 규조토-니트로글리세린 반죽은 매우 안전해서 떨어뜨리거나 굴리거나 망치로 때려도 폭발하지 않습니다. 이걸 폭파

규조토 실험

글리세롤의 불안정성을 극복한 규조토는 이렇게 생겼답니다. 세계적으로 중국과 이란, 러시아 등지에서 생산되는데 규조토가 산을 이루고 있어 흔하게 채취할 수 있는 곳도 많습니다. 가루로 만들어 쉽게 반죽해 사용할 수 있죠.

시키기 위해서는 기폭 장치인 뇌관을 달아 충격을 주어야 합니다. 옛날 영화에서 폭약 끝에 매달린 긴 심지에 불을 붙여 폭발시키는 장면이 나오는데, 그 심지 구조가 뇌관이라 생각하면 됩니다. 이렇듯 규조토-니트로글리세린 반죽은 매우 안전하지만, 파괴력은 액체 니트로글리세린에 못지않습니다. 노벨은 이 기특한 규조토 반죽에 '힘'을 뜻하는 그리스어 디나미스dinamis에서 따온 다이너마이트dynamite라는 이름을 붙여주었습니다. 이후 노벨은 다이너마이트가 축축해지면 잘 터지지 않는 점을 보완해 니트로글리세린뿐 아니라 니트로셀룰로오스 겔nitrocellulose gel도 발명합니다. 이것은 니트로셀룰로오스와 니트로글리세린을 더해서 만든 젤리 같은 겔gel 모양의 폭탄이지요. 이렇게 만들어진 니트로셀룰로오스 겔 폭약은 눅눅해지지 않을 뿐 아니라, 폭발력도 여전히 강하답니다. 노벨은 기존의 흑색화약에 비해 연기가 훨씬 적은 무연화약도 만들어 명실공히 화약의 제왕이 되었습니다.

선한 의도가 선한 결과로 이어지지 않는 현실

노벨이 발명한 다양한 화약은 분명 인류 발전에 큰 공헌을 했습니다. 그가 없었다면 산허리를 통째로 뚫는 터널 사업이나 대규모 채석장과 탄광, 철광은 꿈도 꾸지 못했을 것이고, 그만큼 인류의 발전 속도는 더딜 수밖에 없었을 것입니다.

그런데 태생적으로 굉음을 내며 터져야 하는 폭약은 언제나 위험을 안고 있을 수밖에 없지요. 노벨의 발명품은 유용하게 쓴 사람들에게 엄청난 부를 가져다주었지만, 못된 마음을 먹은 사람들에게는 살인과 테러, 전쟁을 부르고 말았습니다. 물론 나쁜 마음을 먹지는 않더라도 실수로 폭발 사고가 일어나 인명이나 재산 피해를 입는 것도 무시할 수 없고요. 그래서 노벨은 말년에 자신의 발명품이 인류의 행복과 불행을 동시에 가져오는 양날의 칼이 되어가는 것을 지켜보면서 많이 괴로워했다고 해요. 노벨의 의도는 선했으나, 나쁜 결과가 나타나자 죽을 때까지 고통을 짐처럼 안고 갔다고 하네요.

과학자들은 자신의 연구 결과가 어떤 결과를 불러올지 미처 예측하지 못하는 경우가 있습니다. 순수한 마음으로 생활의 편리와 인류

테러의 시대
미국의 9·11 테러 사건 이후 세계 곳곳에서 갖가지 테러가 일어나고 있습니다. 이제 다이너마이트를 뛰어넘는 다양한 폭발물을 쉽게 접할 수 있게 되었지요. 선한 의도에서 시작한 발명이 인간의 의지에 따라 나쁘게 쓰일 수 있다는 사실을 상기해야겠습니다.

복지의 증진을 위해 내놓은 결과물이 악한 마음을 품은 사람들 손에 들어가면 끔찍한 재앙을 가져올 수도 있습니다. 때로는 악한 의도가 없어도 해가 되는 경우가 있습니다. 대표적인 예가 CFC(염화불화탄소)입니다. 냉장고와 에어컨의 냉매로 쓰였던 CFC는 독성 실험을 통과하고 위험성이 없다고 판명되어 널리 판매되었습니다. 하지만 당시에는 아무도 몰랐습니다. CFC가 우리 인간에게도 해롭지 않고 다른 생명체도 해치지 않지만, 지구 대기권 위쪽으로 올라가면 오존층을 파괴해 지구 생태계 시스템의 교란을 가져오는 환경오염 물질이라는 사실을 말이죠.

그렇다고 과학자들에게 연구 자체를 하지 못하게 막는 것이 과연 옳을까요? 해로울 수 있다는 이유로 과학자들의 연구를 제한하는 건 '구더기 무서워 장 못 담그는 것'과 같습니다. 일단 장을 담그고 구더기가 생기지 않게 뚜껑을 덮고 파리가 들어가지 못하게 살피면 되지, 그게 무서워 아예 장을 담그지 않는다면 결국 겨울 내내 된장국 한 그릇, 간장 한 숟갈 없이 맨밥만 먹어야 할 테니까요.

과학자나 발명가의 연구 결과도 마찬가지입니다. 번뜩이는 아이디어를 통해 내놓은 결과는 생활을 편리하게 해주고, 나아가서 인간의 역사를 뒤바꾸는 힘을 지닙니다. 결과가 자칫 잘못 이용될지도 모른다는 우려 때문에 연구 자체를 막는다면 아무것도 얻지 못합니다. 대신 우리는 엄격한 장독지기가 되어야 합니다. 과학자들이 장을 담가 신경 써서 돌보는지 감시하면서, 때론 칭찬도 하고 때론 질타도 하며 뚜껑도 씌우고 햇빛도 쬐어주어 맛있는 장이 되도록 도와줘야 합니다. 과학의 양면성이 늘 그렇듯 과학 자체의 잘못이 아니라, 이를 사용하는 사람의 손에 달린 경우가 대부분이니까요.

노벨상을 거부한 과학자들

지금까지 노벨상을 거부한 사람들은 아래와 같이 총 여섯 명입니다.

수상자	연도	부문	국적
리하르트 쿤(Richard Kuhn)	1938년	화학상	독일
아돌프 부테난트(Adolf Butenandt)	1939년	화학상	독일
게르하르트 도마크(Gerhard Domagk)	1939년	생리의학상	독일
보리스 파스테르나크(Boris-Paul Sartre)	1958년	문학상	소련
장 폴 사르트르(Jean-Paul Sartre)	1964년	문학상	프랑스
레 둑 토(Le Duc Tho)	1973년	평화상	베트남

이 중에서 세 명의 독일인 과학자는 당시 절대 권력을 가진 히틀러가 독일인의 노벨상 수상을 거부하는 바람에 어쩔 수 없이 노벨상을 받지 못했습니다. 히틀러는 이전에 자신에게 반기를 든 사람이 노벨 평화상을 탄 것에 격분해 독일인의 노벨상 수상을 거부합니다. 따라서 이들 세 명의 독일인 과학자는 수상 당시에는 상을 타지 못하다가 나치 독일이 패망한 뒤에야 받을 수 있었습니다. 그러나 소련 정부의 방해로 상을 받지 못한 파스테르나크는 수상 거부가 풀리기 전에 사망하는 바람에 아깝게 노벨상을 놓쳤지요.

앞의 네 명이 어쩔 수 없는 국가의 위세에 눌려 노벨상을 받지 못했다면, 뒤의 두 명은 일부러 노벨상을 거부한 특이한 인물입니다. 레 둑 토는 당시 자신의 조국인 베트남이 아직 전쟁 중이라는 이유로 평화상을 받을 수 없다고 한 것으로 알려졌지만, 프랑스의 문호 사르트르는 라이벌인 카뮈보다 늦게 선정된 것에 항의하는 표시로 노벨상을 거부해 괴짜라는 소리를 들었지요. 카뮈는 사르트르보다 앞서 1957년에 노벨상을 받았습니다.

사실 유명한 과학자 파인만도 처음에는 노벨상 수상을 거부하려 했으나, 결국 아내의 권유로 1965년 물리학상을 받았다는 뒷이야기가 전해집니다. 어마어마한 상금과 사회적 명예가 주어지는 노벨상을 거부한 인물들의 머릿속은 과연 어떠할까요? 참으로 궁금해집니다.

09

매력적인, 그러나 치명적인 유혹

원자력 에너지의 이용

원자력은 작은 몸집 속에 어마어마한 에너지를 숨기고 있어
인간에게 여러 가지 이로움을 제공하기도 하고,
인류를 몰살시키는 위협으로 작용하기도 합니다.

• • •

당신이 어느 날 갑자기 로또에 당첨되어 120억 원을 받는다고 합시다. 이후에 당신의 인생에는 어떤 일이 펼쳐질까요? 사람에 따라서는 여러 가지 운명에 놓일 겁니다. 엄청난 행운을 누리며 다른 사람들을 돕거나 성공적으로 돈을 굴리는 사람도 있고요. 갑자기 찾아온 운이 버거워 사치와 도박에 빠지거나 사기꾼에게 걸려 파멸의 나락으로 떨어지는 사람도 있습니다. 같은 행운이라도 그다음 운명은 개척하기 나름인 것이죠. 지난 20세기 초반, 인류에게도 이런 일이 여러 번 일어났습니다. 발전된 과학이 서로 다른 결과를 가져왔기 때문이지요. 이를 극적으로 보여준 것이 원자력입니다.

원자력이란 무엇인가

원자력原子力, nuclear energy은 원자의 핵이 붕괴·변환·반응할 때 방출되는 에너지입니다. 간단히 설명하자면, 원자는 중심에 뭉쳐 있는 원자핵과 그 주변에 구름처럼 퍼진 전자로 구성됩니다. 원자핵은 양성자와 중성자로 이루어지고, 이 양성자와 중성자는 쿼크로 구성되어 있습니다. 그러니까 이 세상의 기본 입자는 쿼크와 전자인 셈이죠.

20세기 초반은 원자의 구조가 계속해서 업데이트되던 시기였습니다. 물리학자의 실험 결과 원자핵은 다시 양성자와 중성자가 엄청난 힘으로 결합한다는 것이 밝혀졌습니다. 초기 학자들은 원자핵이 깨질 수 없다고 생각했지만, 이 믿음도 얼마 지나지 않아 깨졌습니다. 동위원소가 발견되고 원자핵을 구성하는 입자들이 쪼개지거나 융합될 수 있다는 것도 알려졌습니다. 초기 핵물리학은 새로운 사실이 끊임없이 기존의 이론과 가설을 대치하고 수정하며 형성되었지요.

보통 중성원자의 핵은 같은 개수의 양성자와 중성자로 이루어져 있습니다. 동위원소란 원자 번호는 같지만 중성자의 개수가 달라서 질량 차이가 나는 원소를 말합니다. 예를 들면, 우라늄 ^{235}U와 ^{238}U를 들 수 있습니다. 이런 동위원소 중에는 불안정해 스스로 안정해지도록 핵이 붕괴하기도 하는데 이 과정에서 엄청난 방사선이 방출됩니다. 이때 엄청난 에너지가 방출되지요. 우리가 대표적인 방사성 물질로 알고 있는 우라늄은 계속 붕괴하여 결국에는 납[Pb]으로 변화합니다. 자연에서는 반감기[half life]가 45억 년 정도로 엄청나게 느려서 우리는 그 힘의 위력을 미처 깨닫지 못한 채 살아왔던 겁니다.

여기서 반감기에 관해 간략하게 설명하고 넘어갈까요? 우라늄과

실험실의 러더퍼드
방사선의 발견으로 러더퍼드는 1908년 노벨화학상을 받았습니다.

같은 방사성 물질은 시간에 따라 발산하는 방사선의 세기가 줄어듭니다. 방사선을 방출하는 불안정한 원자핵이 시간이 지남에 따라서 점차 방사선을 발산하고 붕괴하며 안정하게 변해 더 이상 방사선을 방출하지 않기 때문입니다. 마치 팝콘을 튀길 때 처음에는 옥수수 알갱이가 무수히 터져서 팝콘이 튀는 소리가 요란하다가, 시간이 지나면 이미 다 튀겨져서 터지는 옥수수 알갱이의 수가 줄어들어 소리가 띄엄띄엄 나는 것과 같습니다. 반감기란 방사성 물질이 방출하는 방사선 에너지의 세기가 절반으로 감소하는 데 필요한 시간입니다. 예를 들어 탄소의 반감기는 5,700년입니다. 탄소의 동위원소인 방사성탄소^{C14}는 5,700년이 지나면 처음의 1/2로 줄어들고, 여기서 다시 5,700년이 지

원소	반감기
우라늄 U-238	45억 년
탄소 C-14	5,700년
라듐 Ra-226	1,600년
세슘 Cs-137	30년
스트론튬 Sr-90	28.1년
인 P-32	14일
코발트 Co-60	5.2일
라돈 Rn-222	3.8일

주요 원소의 반감기

나면 처음의 1/2의 1/2, 즉 처음의 1/4로 줄어든다는 것이죠. 반감기는 붕괴하는 원자핵의 종류에 따라 상대적으로 길기도 하고 짧기도 하답니다.

원자의 위력, 극소는 극대와 맞닿아 있다

원자력은 작은 몸집 속에 어마어마한 에너지를 숨기고 있어 인간에게 여러 가지 이로움을 제공하기도 하고, 인류를 몰살시키는 위협으로 작용하기도 합니다. 원자의 힘이 알려진 시기는 1930년대 말 세계가 전쟁으로 어지러운 때였습니다. 하필 이 시기에 원자의 숨겨진 힘이 발견되어 처음 원자력이 연구될 때부터 살상을 목적으로 하는 원자폭탄 개발이 시작되었고, 이것이 원자력의 태생적 원죄가 되었습니다.

제2차 세계대전이 한창이던 1938년, 독일의 오토 한Otto Hahn, 1879~1968과 슈트라스만Fritz Wilhelm Strassmann, 1902~1980, 리제 마이트너Lise Meitner, 1878~1968는 실험실에서 우라늄에 중성자를 충돌시켜 인공적인 핵분열에 성공합니다. 이후, 이탈리아의 과학자 엔리코 페르미Enrico Fermi, 1901~1954는 연쇄 핵분열에 성공합니다. 원자 한 개가 붕괴되면서 나오는 에너지는 아인슈타인의 $E=mc^2$ (E: 에너지, m: 질량, c^2: 광속의 제곱)에 따라, 광속의 제곱이라는 어마어마한 수가 곱해지지만, 원자는 질량(m)이 너무 작기 때문에(원자 한 개의 질량은 1.66×10^{-27}kg입니다) 원자 한두 개의 붕괴는 큰 의미가 없습니다. 다만, 붕괴가 연쇄적으로 일어난다면 이야기는 달라집니다.

실제로 우라늄 1g이 완전 핵분열로 나오는 에너지는 석유 1,800 l나 석탄 3t을 태웠을 때 나오는 에너지와 맞먹을 정도입니다. 당시 거의 전 세계를 상대로 전쟁을 벌이던 독일이 이 엄청난 에너지를 전쟁에 이용하려 했던 것은 어쩌면 너무나도 자연스러운 일이겠지요. 이 사실을 알게 된 헝가리의 물리학자 레오 실라르드Leo Szilárd, 1898~1964는 아인슈타인에게 이 소식을 알립니다. 두 사람은 독일의 핵무기 개발 계획의 위험성을 경고하는 편지를 당시 미국 대통령 루즈벨트에게 보냅니다. 이것이 바로 그 유명한 '아인슈타인-실라르드 편지'입

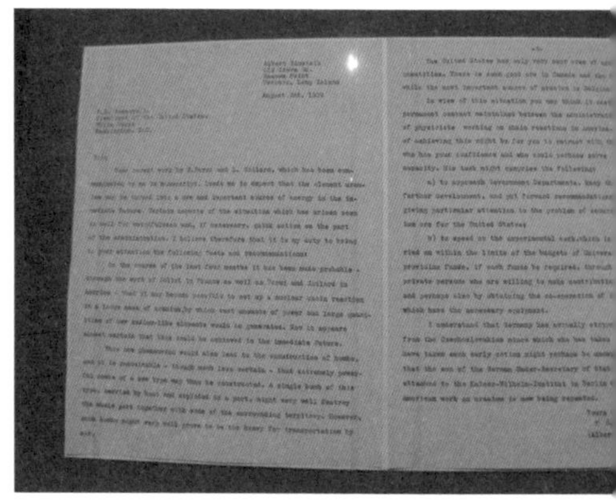

아인슈타인과 실라르드

아인슈타인과 실라르드 두 사람이 만나 루즈벨트 대통령에게 보낼 편지를 작성하는 모습입니다. 오른쪽 사진이 '아인슈타인-실라르드 편지' 입니다.

니다. 아인슈타인은 원래 독일 출신이었지만 유대인이었기 때문에 히틀러의 유대인 박해 정책을 피해 미국으로 망명한 상태였습니다. 이후 아인슈타인은 자신의 제안이 너무 위험하다고 생각해 이를 더 이상 진척시키기를 거부했으나, 상황은 그가 더 이상 막을 수 없는 규모로 커지고 있었습니다. 미국은 원자폭탄 개발을 계속 진행하기 위해 대규모 계획을 준비했는데, 이것이 그 유명한 '맨해튼 프로젝트'입니다.

1939년에 시작된 맨해튼 프로젝트는 연합군이 독일보다 먼저 원자폭탄을 만들기 위해 세운 계획입니다. 연간 13만 명의 인원이 투입되고 당시 화폐 기준으로 2억 달러를 쏟아부은 어마어마한 연구였습니다. 게다가 미국의 과학자들뿐 아니라 유럽에서 히틀러의 박해를 피해 미국으로 망명해온 천재 물리학자들이 모두 달라붙어 3년

만에 완성해낸 역사상 최대의 프로젝트입니다. 여기에는 책임자 오펜하이머John Robert Oppenheimer, 1904~1967, 페르미Enrico Fermi, 1901~1954, 위그너Eugene Paul Wigner, 1902~1995, 닐스 보어Niels Bohr, 1885~1962, 리처드 파인만Richard Feynman, 1918~1988 등 한 번쯤은 이름을 들어봤음직한 쟁쟁한 학자들이 관여했습니다(과거에도 그랬지만 앞으로도 이 정도 천재들이 한 자리에 모여서 연구한다는 건 거의 기적에 가까울 것입니다. 이들은 현대물리학에서 절대 빼놓을 수 없는 천재들이니까요). 그리하여 1945년 7월에는 미국의 뉴멕시코주 남부 사막 지역에서 최초로 원자폭탄 실험이 성공했고, 같은 해 8월 6일과 9일에는 각각 '리틀 보이little boy, ^{235}U'와 '팻맨Fat man, ^{239}Pu'이라는 이름을 가진 원자폭탄 두 개가 각각 일본의 히로시마와 나가사키에 떨어지면서 제2차 세계대전은 끝이 납니다.

1945년 8월의 일본 상공

제2차 세계대전 중 미국이 일본에 투하한 원자폭탄은 하늘에 거대한 버섯구름을 피웠습니다. 당시 사망자 수는 히로시마 14만 명, 나가사키 7만 명입니다. 생존자 중 원폭 피해자는 40만 명에 달하고 있지요.

원자폭탄을 만드는 방법은 두 가지가 있습니다. 하

나는 천연 우라늄 중에서 핵붕괴를 일으키는 ^{235}U를 이용하는 것이죠. 원래 우라늄은 불안정한 ^{235}U와 비교적 안정한 ^{238}U로 이루어져 있는데, 천연 우라늄 중 ^{235}U가 차지하는 비율은 전체의 0.7%밖에 되지 않습니다. 이 ^{235}U를 추출하여 90% 이상 농축시키는 것이 원자폭탄을 만드는 첫 번째 방법입니다. 두 번째 방법은 원자로에서 우라늄을 반응시키고 남은 폐기물을 처리하여 만들어지는 플루토늄^{239}Pu을 이용하는 것입니다. 참고로 제2차 세계대전 중에 투하된 원자폭탄 중 리틀 보이는 ^{235}U를, 팻맨은 ^{239}Pu를 이용해 만들어진 폭탄입니다. 어쨌든 이렇게 우라늄이나 플루토늄을 농축시킨 후 기폭 장치를 달면 원자폭탄이 만들어집니다.

핵에너지가 약속하는 미래는 삶과 죽음, 어느 쪽인가

문제는 이후입니다. 원래 맨해튼 프로젝트는 미국이 독일에 앞서 원폭을 만들어 전쟁을 끝내는 데 목적이 있었습니다. 실제로 원자폭탄의 엄청난 위력에 세계는 깜짝 놀랍니다. 원하는 대로 전쟁은 끝났지만, 곧이어 시작되는 냉전 시대는 각국이 엄청난 원폭의 힘에서 손을 뗄 수 없게 만듭니다. 원자폭탄은 그 어떤 살상 무기보다 위력이 강해 원자폭탄을 가지고 있다는 자체만으로도 상대를 굴복시킬 수 있었으니, 국가의 힘을 과시하는 데 이만한 무기가 없었거든요. 세계 각국은 원자폭탄뿐만 아니라 핵융합을 통해 더욱 강력한 에너지를 내는 수소폭탄 개발도 앞다투는 미친 짓을 시작합니다. 그 결과는 어떻게 되었느냐고요? 이제 인류는 지구를 완전히 멸망시킬 수 있을 만큼 핵무기를 보유하게 되었지만, 엄청난 파괴력 때문에 사용할 엄두도 내지 못하고 비축만 해놓는 불안한 시대를 살게 되었죠.

물론 핵에너지 이용이 살상용 폭탄부터 시작된 건 사실입니다. 그러나 전쟁이 끝나고 냉전 시대를 휘감은 냉랭한 분위기가 조금씩 누그러지면서 이 엄청난 에너지를 인류 멸망이 아닌 인류 공영을 위해 사용하자는 움직임도 같이 나타났습니다. 핵을 조심스레 실생활에서도 이용하기 시작해 지금은 알게 모르게 핵에너지가 우리 주변에 들어와 있습니다. 흔히 핵에너지의 공적 사용이라고 하면 쉽게 원자력발전소만 떠올리지만, 그 밖에 연료, 의료, 산업, 농업, 식료품 가공, 고고학 조사 및 분석 등에도 다양하게 이용되고 있습니다.

그럼에도 이 중에 원자력발전소가 가장 대표적일 것입니다. 원자력발전소의 기본 원리는 원자폭탄과 크게 다르지 않습니다. 다만 원자폭탄이 핵에너지를 지나치게 한 점에 집중시켜 순식간에 터뜨리는 것과 달리, 제어가 가능한 발전 설비 안에서 조금씩 핵분열을 유도해 이때 나오는 에너지로 발전기를 돌려 전기를 얻습니다. 핵에너지를 사용하는 잠수함도 같은 이치지요. 원자력발전은 적은 양의 원료를 가지고 상대적으로 많은 양의 에너지를 얻을 수 있다는 점이 매력입

사진 © 한국수력원자력(주)

한빛원자력발전소(영광)
1978년 4월에 국내 최초의 원자력발전소인 고리 원자력 1호기가 상업 운전에 들어간 이래 현재는 고리·월성·영광·울진의 원자력발전소가 우리나라 에너지의 40%를 생산하고 있습니다.

니다. 핵잠수함은 원료를 1년에 한 번만 공급하면 되므로 편리하다는 장점이 있어요. 그러나 원자력발전소나 핵잠수함은 제대로 관리되지 않거나(1986년 체르노빌 사고) 자연재해로 무너지면(2011년 후쿠시마 사고) 원자폭탄과 다를 바 없는 재앙을 불러올 수 있다는 단점도 있습니다. 핵붕괴 시 엄청난 열이 나기 때문에 이를 식혀주려면 다량의 물이 필요하고, 많은 양의 방사선이 나오기도 합니다. 사용하고 남은 우라늄도 처치하기가 곤란하고요. 대개 폐우라늄은 재처리해 다시 사용하거나 지하 깊은 곳에 영구적으로 폐기합니다. 하지만 우라늄은 반감기가 45억 년이므로 그동안 계속 폐기 창고가 보존될 수 없다는 것이 문제입니다.

앞에서도 말했듯이, 이 핵 연료봉의 재처리 과정에서 원자폭탄 제조가 가능해 아직까지 국내에서는 재처리가 허용되지 않습니다. 북한이 국제사회에서 핵 보유 문제로 자꾸 논란이 되는 것은 이 폐 연료봉을 재처리해 핵무기를 보유하고 있다는 의혹 때문이지요. 핵에너지는 제대로만 제어하면 다른 원료를 사용하는 것보다 훨씬 경제적으로 전기를 얻을 수 있지만, 실수나 고의로 제어에 소홀하면 끔찍한 재앙을 넘어 지옥이 펼쳐질지도 모릅니다.

원자력발전소는 알겠는데, 나머지 원자력 이용 사례에 관해서는 낯선 분이 많을 겁니다. 발전소를 제외하고 핵에너지가 많이 사용되는 곳은 첫째, 의료 분야입니다. 우리가 흔히 찍는 X선도 일종의 방사선이거든요. 수술 도구 및 의료 장비에 방사선을 쬐어 미생물을 파괴해 소독하기도 합니다. 요오드[132] 등을 이용하면 간, 신장, 갑상선, 뇌 등의 혈관 분포나 이상 여부를 판단할 수 있고, 방사선을 이용해 암세포를 죽이는 항암 치료를 하기도 합니다.

둘째, 방사선은 산업 분야에서도 많이 이용됩니다. 비파괴검사nondestructive inspection, NDI라는 것이 대표적입니다. 자, 한강에 힘들여서 다리를 놓았습니다. 그런데 시간이 지나면 흐르는 강물의 힘과 자동차 운행으로 다리가 여기저기 금이 가고 구멍이 생기기도 합니다. 외부에 균열이 생기면 그나마 보수라도 할 텐데 내부에 균열이 생기면 발견하기 힘들어 자칫 폭삭 주저앉을 수도 있지요. 그렇다고 일일이 내부에 구멍을 뚫거나 잘라서 볼 수도 없는 노릇이고요. 비파괴검사는 이럴 때 이용됩니다. 건물이나 물품을 파괴하지 않고, 외부에서 X선을 쪼여서 내부의 상태를 파악하는 것이죠. 간단하게 말하면, 건물이나 다리에 X선 촬영을 한다고 생각하면 됩니다. 사람도 피부를 째지 않고 몸속을 들여다보기 위해서 X선을 찍잖아요? 비파괴 검사도 이런 원리를 이용한 것입니다. 때로는 X선 대신 감마선$^{\gamma\text{-ray}}$이나 베타선$^{\beta\text{-ray}}$ 또는 초음파를 사용한답니다.

셋째, 방사선은 농업과 식품 저장에 사용될 수 있습니다. 식품에 방사선을 쬐어주면 살균 처리가 되고 신선도가 오래 유지됩니다. 그냥 놓아두면 3일이 못 가서 물러지는 딸기도 방사선 처리를 해주면 3주 정도 신선도가 유지된다고 하네요. 감자는 보관 기간이 길어지면 싹이 나기도 하는데, 감자의 싹에는 솔라닌이라는 독성 성분이 들어 있어 식료품으로서 가치가 떨어집니다. 이런 감자에 방사선을 쬐어주면 최대 8개월까지 싹이 트는 것을 억제합니다. 고구마, 양파, 마늘 등을 방사선으로 처리하면 오래 보관해도 썩지 않고, 때로는 처리하지 않은 것보다 발아율이 높아지기도 합니다. 농작물이나 기타 원예용 식물을 육종해 새 품종을 만들 때도 방사능이 사용됩니다. 적당한 양의 방사능을 식물에 쬐어 돌연변이를 일으켜 새 품종을 만들어내는 것이죠. 식품 저장이나 발아를 위한 방사선 조사는 매우 간단하고 포장한 채로도 살균이 가능하며 화학물질처럼 잔류량이 남지 않아 안전한 방법으로 여겨지고 있습니다.

따라서 식품의 방사선 조사[照射, irradiation]는 1921년 미국에서 처음으로 제안된 이후, 1950년대부터 과학계와 사회에서 관심을 끌기 시작

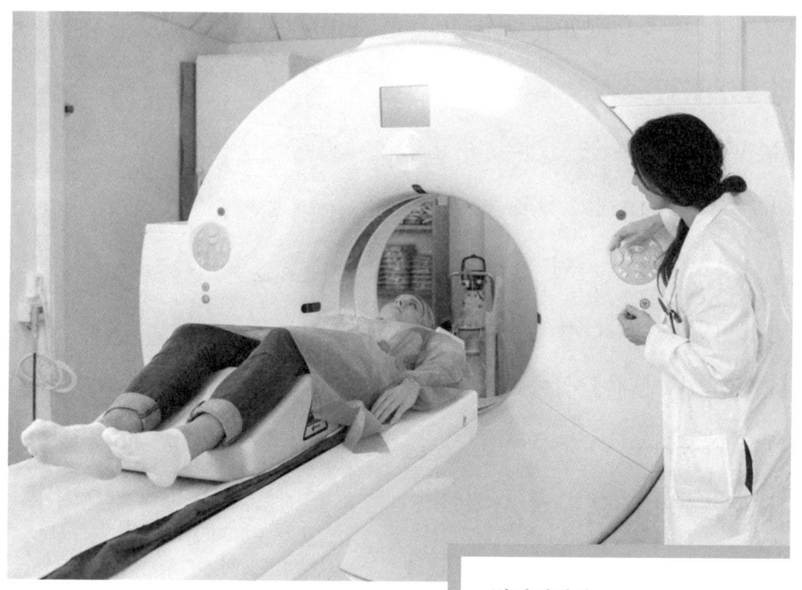

방사선검사

인체 중 결함이 있는 부위와 건강한 부위의 방사선 투과력이 다른 점을 이용해, 투과 방사선을 형광판에 영사시키거나 필름에 감광시켜 촬영함으로써 결함의 크기와 분포 등을 알 수 있습니다.

하면서 현재 방사선 조사식품은 50여 개국에서 향신료, 곡류, 과채류, 육류, 해산물 등 50여 종의 식품에 허가되어 있으며, 우리나라에서도 18개 식품군에 허가되어 있습니다.

마지막으로 방사선은 조사·연구·학술 등의 목적으로 사용될 수 있습니다. 방사성탄소연대측정법이 대표적이지요. 어떤 고고학 유적지를 발굴해 오래전에 죽은 미라를 찾아냈다고 합시다. 이 미라가 언제 죽어서 땅속에 묻혔는지 알려주는 방법이 바로 방사성탄소연대측정법입니다. 이 방법은 리비Willard Frank Libby, 1908~1980가 1949년 발견했는데, 그 역시 맨해튼 프로젝트에 참여했던 인물입니다.

자, 이제 주기율표를 한번 떠올려볼까요? 탄소의 번호는 6번이지요. 따라서 탄소는 6개의 양성자와 중성자가 더해져 보통 탄소 ^{12}C입니다. 그러나 자연 상태에서는 방사성탄소인 ^{14}C가 존재합니다. 보통 자연 상태에서는 이 둘의 비율이 일정하고, 지구상의 모든 생물은 탄소가 주요 구성 물질인 유기체입니다. 생명체가 살아 있을 때는 계속 호흡하기 때문에 두 탄소의 비율이 일정하지만, 죽으면 그때부터 내부에 쌓인 ^{14}C가 붕괴되어 ^{14}N으로 변화하기 시작합니다. ^{14}C의 반감기는 5,700년으로 두 탄소의 비율에 반감기를 곱하면 미라의 생존 시기를 측정할 수 있겠지요. 반감기는 방사성 물질마다 달라서 매우 짧기도 하고 길기도 하지만, 각각의 반감기는 일정해 지구의 나이나 퇴적층의 연대, 약물의 분해 속도 등의 시간 측정 기준이 됩니다.

국제적인 방사선 조사 식품 마크
현재 대부분의 국가에서 방사선 식품 조사를 허가하고 있습니다. 방사선을 이용해 멸균하면 유해 잔여물에 대한 염려가 없고, 최종 포장 형태에서 멸균 처리하며 방사선이 식품에 잔류하지 않아 안전하게 먹을 수 있다고 합니다.

이 밖에도 원자력이 이용될 수 있는 분야는 매우 많습니다. 핵에너지는 어마어마한 힘 때문에 이용성과는 별개로 사회문제가 되거나 국제적인 분쟁거리가 되기도 합니다. 우리나라에서도 전북 부안의 핵 폐기장 건설 문제로 전국이 떠들썩했고, 북한은 자국의 원자력발전소에서 나오는 폐 연료봉 처리 문제를 두고 미국과 아직도 긴장 상태를 유지하고 있습니다. 과학의 발전이 양날의 칼인 경우는 많지만, 핵에너지만큼이나 위험하면서도 매력적이고 극단적인 경우도 없을 겁니다.

방대한 이야기를 축약하다 보니 건너뛴 부분이 많은데요. 핵에너지 이용은 처음 개발되었을 때부터 사회의 역학 구조에서 벗어나 자유로운 적이 없었습니다. 하지만 위험한 연료인 핵을 계속 사용하자고 주장한다면, 그 정당성을 뒷받침하는 논리는 매우 타당해야 합니다. 이제 우리는 지금 당장의 전기 생산량을 넘어 현재와 미래의 인류, 나아가 지구상에 존재하는 모든 생명체의 건강하고 안전하고 안정적인 삶의 터전인 지구를 지키는 일을 좀 더 생각하고 헤아려야 합니다.

인류를 멸망에서 구한 숨은 영웅, 페트로프

핵무기의 위력은 무시무시합니다. 인류 역사상 개발된 핵무기 중 실제로 사용된 것은 단 두 발뿐입니다. 제2차 세계대전 당시 일본 히로시마와 나가사키에 각각 투하된 '리틀 보이Little Boy'와 '팻 맨Fat Man'이라 불리는 원자폭탄입니다. 이 중 우라늄-235를 이용한 리틀 보이는 폭탄의 전체 무게가 4톤이 넘었지만, 우라늄의 질량은 단 64kg이었다고 합니다. 리틀 보이의 폭발력은 16kt, 즉 폭약의 기준이 되는 TNT의 1만 6,000톤 분량에 달합니다(참고로 국내 연구진의 실험 결과 TNT 1kg을 수중에서 터트리자, 물기둥이 30m나 솟아오를 정도였다고 합니다). 플루토늄을 이용한 팻 맨은 더 위력이 강해 폭발력이 무려 TNT 21kt에 달했다고 합니다. 그런데 팻 맨을 만들 때 들어간 플루토늄의 양은 겨우 6.2kg에 불과했다고 하네요. 어쨌든 이 둘은 투하 당일에만 20만 명이 넘는 목숨을 앗아갔을 정도로 엄청났고, 방사능 피폭에 따른 피해는 몇십 년 동안 이어지기도 했습니다.

핵무기의 위력은 기존의 어떤 무기와도 비교할 수 없을 만큼 살상력이 높았기에, 전쟁 이후 미국과 소련을 비롯한 강대국들은 저마다 핵무기를 자체 보유하는 경쟁에 나서기 시작합니다. 이렇게 만들어진 약 1만 5,000기에 달하는 핵무기는 반대로 전쟁을 억제하는 반대급부로 작용하게 됩니다. 핵무기의 위력이 너무 크기 때문에 자칫 잘못 사용하면 너 나 할 것 없이 공멸할 것이라는 위기감 때문입니다. 이 과정에서 자칫 우리 모두 사라질 뻔한 아슬아슬한 사건도 있었습니다.

냉전이 한창 지속되던 1983년 9월 26일 0시, 느닷없이 소련의 핵전쟁 관제 센터에 비상벨이 울립니다. 소련이 쏘아 올린 인공위성에서 "미국에서 발사된 대륙간탄도미사일 다섯 기가 소련을 향해 날아오고 있다"는 경고 메시지를 보내왔기 때문입니다. 당시 관제 센터에서 당직을 맡고 있던 중령 스타니슬라프 페트로프Stanislav Petrov, 1939~2017는 졸지에 급박한 상황에서 냉정한 판단을 내려야 하는 처지에 놓입니다. 대륙간탄도미사일의 타격을 입기 전 이에 맞서 폭탄 발사 스위치를 누르기까지는 주어진 시간이 단 몇 분뿐이었습니다. 당시는 미국과 소련 양 진영의 갈등이 극에 달하던 시기라, 맞대응은 곧 핵전쟁의 시작을 의미했습니다. 40여 년 전과는 달리 대부분의 강대국이 핵무기로 무장하고 있는 시기여서 누구라도 핵무기를 사용하면 지구는 파멸로 이어질 것이 뻔했습니다. 그렇다고 적이 도발하고 있는데 가만히 앉아서 기다리는 것도 대안은 아니었지요.

스타니슬라프 페트로프 중령

페트로프 중령은 일촉즉발의 상황에서 차분하게 생각합니다. 그는 미사일의 개수를 생각했습니다. 위성은 계속 경계경보를 보냈지만 발사된 미사일은 겨우 다섯 기뿐이라는 사실이 이상했죠. 미국이 정말 소련을 공격하려고 마음을 먹었다면 단 다섯 기가 아니라, 수백 수천 기의 미사일을 한꺼번에 발사해야 합니다. 미국도 소련이 핵무기를 가지고 있다는 것을 뻔히 아는 마당에 어설픈 도발은 오히려 역공을 당하기 쉽죠. 진짜 전쟁을 시작하려면 초반에 기습적으로 맹공을 퍼부어 초토화시키지 이처럼 장난 같은 공격은 하지 않습니다. 고심을 거듭한 페트로프 중령은 인류 역사에서 매우 중요한 말을 내뱉습니다.

"아무래도 기계가 오작동을 일으킨 것 같다."

사실 그의 판단은 자칫 미사일 공격이 진짜인 경우 조국인 소련에 막대한 피해를 입힐 수도 있었습니다. 그렇게 영겁의 시간 같던 몇 분이 지났습니다. 모두에게 다행스럽게도 페트로프의 말은 사실로 판명됩니다. 인공위성이 햇빛의 반사를 미사일 신호로 착각해 경보 메시지를 보냈던 것입니다. 그의 현명한 판단 덕분에 아무 일도 일어나지 않았고, 인류는 핵무기로 벌어질 제3차 세계대전을 피할 수 있었죠. 만약에 그가 공격 대응 명령을 내렸다면 인류의 역사는 어떻게 되었을까요? 상상만 해도 끔찍한 일이 아닐 수 없습니다.

페트로프 중령의 이야기는 오래도록 비밀로 묻혀 있다가 1998년 비밀문서의 금지 조항이 해제되면서 세상에 알려졌습니다. 이 일화는 치명적인 무기를 만들어 많은 이의 목숨을 위협하는 것도 사람이지만 현명한 판단으로 위험에서 벗어나게 하는 것도 사람이라는 오랜 진리를 다시 한번 되새기게 합니다.

10

왜 신은 검은 에너지를 그토록 깊은 곳에 숨겨두었나

석유 에너지의 개발

우리가 사는 지구를 후손들에게 제대로 물려주려면
에너지 절약과 대체에너지의 개발을 더 이상 늦춰서는 안 됩니다.

• • •

널뛰기하는 기름값

세상 모든 물건은 시장에서 팔리기 시작하는 순간 가격이 결정되고 다양한 요인에 따라 가격이 달라지기도 합니다. 그중에서 '유가油價'만큼 널뛰기하는 상품도 드물 것입니다. 2008년경에는 1배럴(159l)당 140달러에 육박하던 국제 유가는 서서히 안정되더니 최근 코로나-19 여파로 산업이 침체되면서 1배럴당 20달러 수준으로 폭락한 상태입니다.

이제 인류의 원유 의존도는 너무 높아져서 기름값의 변동 추이는 세계 경제에 막강한 영향력을 행사합니다. 2022년 기준, 우리나라의 원유 소비량은 연간 10억 3,100만 배럴이나 되지만, 그 중 국내에서 생산되는 것은 하나도 없습니다. 전량 수입한다는 것이죠. 그러니 유가가 변동되면 연간 수십억 달러의 부담이 더 생길 수도 있습니다. 또 원유값이 오르면 원유를 이용한 석유 사업 전체의 원자재값이 오를 뿐 아니라, 기계의 작동 비용, 물류 및 수송 비용이 높아져 물가도

함께 오릅니다. 대외 무역에 상당히 의존하는 경제 구조여서 수출에 타격을 입고 전반적인 국가 경제가 힘들어지는 것이 사실입니다. 그렇다면 언제부터 우리의 생활에 이처럼 석유가 중요한 위치를 차지하게 되었을까요?

화석연료의 발견과 사용

석유는 에너지 분류상 화석연료에 속합니다. 화석연료란 석탄, 석유 등 오래전 지구상에 살던 생명체의 유해가 땅속에 묻혀 만들어진 화석이 오랜 시간 엄청난 지열과 압력을 받으며 화학 변화를 거쳐 생성된 연료입니다. 마치 오래된 지층 속에서 나오는 공룡 화석이나 암모나이트 화석과 같은 과정으로 만들어지기 때문에 이런 이름이 붙었지요.

먼저 발견된 화석연료는 '검은 돌' 석탄입니다. 이미 기원전에 그리스에서는 석탄을 숯 대신 사용한 기록이 남아 있고, 동양에서도 4세기경부터 석탄을 사용한 것으로 알려졌습니다. 그러나 당시 산업 구조나 채광 기술로는 석탄이 널리 사용되기는 힘들었고 딱히 사용될 곳조차 없었지요. 지질학적 연대 구분에서 약 3억 4,500만 년 전~2억 8,000만 년 전을 '석탄기石炭紀, Carboniferous period'라고 부르는 것처럼, 현재 사용되는 석탄은 대부분 이 시기 식물들의 화석에서 나왔습

도시에 빛을 안겨준 검은 에너지
석유 에너지의 개발 이후 우리가 살아가는 세상은 24시간 불빛이 꺼지지 않습니다. 그만큼 에너지가 풍부해졌다는 것이죠. 반대로 에너지가 부족할 경우 우리의 도시는 빛을 잃게 될지도 모릅니다.

니다. 이 시기에 나무는 엄청 많았지만 단단한 나무줄기를 갉아먹는 곤충이나, 목질 성분인 리그닌을 분해하는 미생물이 거의 없었습니다. 그래서 나무가 죽어서 쓰러지면 미생물에 의해 썩지 않고 그대로 쌓였고, 이것이 땅속 깊이 묻혀 열과 압력을 받으면 석탄으로 변할 수 있었습니다. 석탄기 이후 시대에는 나무의 목질을 분해하는 분해자 생물들이 진화되어 더 이상 석탄이 만들어지지 않습니다.

오랜 세월, 땅속에 묻혀 있던 이 '검은 돌'이 '황금 돌'이 된 시기는 18세기 산업혁명이 시작된 이후였습니다. 1769년 와트가 석탄을 원료로 하는 증기기관을 발명한 이후, 석탄의 사용량은 비약적으로 증대되었습니다. 사람들은 석탄을 이용해 연료용 코크스를 만들었고, 이 과정에서 생기는 콜타르로 염료를 비롯한 각종 화학약품을 만들었습니다. 석탄가스로는 가스등을 밝혀 최초로 가로등이 등장하기도 했지요. 우리나라에서도 석탄은 연탄으로 변신해 오랫동안 서민들의 겨울을 지켜주었고, 지금은 폐광된 채 카지노로 이용되고 있는 탄광촌은 한때 산업화 시대의 역군들로 북적였습니다. 오늘날 석탄은 석유에 밀려 변두리 자원으로 몰락했지만, 한때 인류 발전의 견인차 역할을 했던 것만은 확실합니다.

석탄으로부터 배턴터치를 받은 석유는 '검은 황금'으로 불릴 정도로 세계 경제에 중요한 영향을 미치고 있습니다. 유전에서는 정제되지 않은 검은색 원유를 채취하고 정유 공장에서는 이를 정제해 휘발유, 경유, 등유, 중유 및 각종 화학 원료를 만들어냅니다.

원유는 이미 수천 년 전부터 중동 지역에서 조금씩 발견되었습니다. 하지만 당시에는 독한 냄새가 나는 이 끈적끈적한 검은 기름을 약품으로 쓰거나 종교의식에 사용했을 뿐입니다. 검은 기름이 직접적인 연료원으로 쓰이기 시작한 것은 19세기 후반 들어서입니다. 석유가 어떻게 형성되었는지 관해서는 논란이 분분합니다. 대체적으로 오래전에 바다에 살던 미생물이나 주로 유공충에 해당하는 작은 생물이 죽은 퇴적물이 압력과 지열의 영향을 받고, 바나듐, 니켈, 몰리브덴 등의 원소가 촉매 작용을 일으켜 생성되었다고 여겨집니다.

원유는 정유공장에서 정제하면 차례대로 LPG, 가솔린(휘발유), 제트연료, 등유, 경유, 중유 등으로 나뉘고, 자동차 · 비행기·선박·가정 · 공장의 연료로 쓰입니다. 화력발전소의 원료로 사용되어 전기를 공급해주는 것도 물론이고요. 이 밖에도 석유는 다양한 플라스틱과 비닐류, 합성섬유(나일론, 폴리에스테르 등), 합성고무, 페인트, 합성세제, 계면활성제, 염료, 가소제*, 비료, 공업약품, 농업약품, 의약품 등 사용되지 않는 곳을 찾기 힘들 정도입니다.

세계를 움직이는 검은 황금

만약 석유가 없다면 어떤 일이 일어날까요? 먼저 여러분의 옷장

---

* 물체를 휘게 하는 성질인 가소성을 부여하는 물질입니다. 주로 염화비닐이나 아세트산비닐 같은 열가소성 플라스틱에 첨가하여 고온에서 마음대로 모양을 빚을 수 있게 하는 유기물질을 말합니다.

에서 절반의 옷이 사라지고, 모든 가전제품에서 플라스틱으로 된 부분이 없어져 흉물스러워 보일 것입니다. 간편하게 비닐봉지에 물건을 담을 수도 없고, 벽에 페인트칠을 할 수도 없을 테죠. 승용차나 버스도 멈춰버릴 것이고, 전기의 양이 부족하니 지하철도 다닐 수 없겠지요. 집 안 난방도 안 될 뿐 아니라, 하다못해 세제로 청소나 빨래를 할 수도 없을지 모릅니다. 약품의 종류도 현저히 줄어들 테고요. 우리가 편리한 생활을 누릴 수 있는 것은 대부분 석유에 빚진 바가 크기 때문입니다.

지금은 석유와 가스, 석탄 등 화석연료에만 집중되어 있는 에너지원을 좀 더 환경 친화적이고 안정적인 확보가 가능한 에너지로 조금씩 바꾸어나가는 것도 대책이 될 수 있으니까요. 그래서 신재생 에너지가 등장합니다.

신재생 에너지는 태양빛, 지열, 풍력, 파력, 조력, 바이오에너지, 수력 등을 이용하는 방법이 있습니다. 지열은 지하 마그마의 열을 이용하는 에너지를 말합니다. 풍력은 바람의 힘을 이용하는 에너지이고, 조력은 파도의 힘 또는 조수 간만의 차이를 이용하는 에너지입니다. 바이오에너지는 짚 등 식물류를 발효시켜 메탄가스나 알코올을 추출하는 것이고, 수력은 댐을 세워 물을 가두고 수문을 열어 물이 떨어질 때 변하는 위치에너지를 변환시키는 것입니다.

최근 연구하고 있는 신재생 에너지 가운데는 기발하고도 환경 친화적인 에너지원이 많습니다. 그중 하나가 태양입니다. 지구는 근본

수력에너지

태양에너지

풍력에너지

지열에너지

신재생 에너지의 개발

제한된 유전량 때문에 신재생 에너지의 개발이 활발합니다. 태양에너지, 풍력, 지열, 수력, 파력 및 조력, 바이오매스 등이 대표적인 신재생 에너지원으로 꼽히고 있습니다.

적으로 태양에서 오는 에너지원으로 유지됩니다. 지구의 대기에 포함된 온실가스는 그동안 태양에너지를 딱 적절한 수준으로 모아 생명이 자랄 수 있는 '따뜻한 기후'를 만드는 데 일조했습니다. 태양빛을 이용한 식물의 광합성은 전체 생태계를 떠받치는 기본 생산자 역할을 하고 있지요. 태양은 앞으로도 수십억 년 동안 타오를 것이고, 식물은 지난 수십억 년 동안 그랬듯이 태양빛을 이용해 광합성을 할 것입니다. 이 자연의 정교하고도 안정적인 시스템을 모방한 새로운 시도가 등장했습니다. 흔히 생각하는 태양열 패널을 이용한 태양열 전지가 아니라, 광합성을 모방한 새로운 에너지 포집 형태, 즉 '인공 나뭇잎'입니다.

2008년 처음 개발된 인공 나뭇잎은 빛을 받으면 태양열에서 전기를 합성하고 이 전기에너지로 물을 분해해 산소와 수소를 만드는 장치입니다. 우주정거장 등에서 자체적으로 산소를 합성하려고 개발한 장치죠. 그러다가 2015년에 업그레이드된 인공 나뭇잎이 개발됩니다. 이 인공 나뭇잎에는 기존의 태양전지와 물 전기 분해 장치에 더해 랄스토니아 유트로파 *Ralstonia eutropha* 라는 박테리아를 결합시켰다는 차이

인공 나뭇잎

매사추세츠 공과대학(MIT)의 대니얼 노세라 교수가 만든 인공 나뭇잎입니다. 태양에너지로 전기에너지를 생산하고 이를 통해 물을 산소와 수소로 분리합니다.

가 있습니다. 이 박테리아는 인공 나뭇잎이 물을 분해해 만든 수소를 먹고 이를 소화시켜 아이소프로판올이라는 물질을 생성하는 기특한 녀석입니다. 아이소프로판올은 일반적으로 바이오 연료로 쓰이는데, 바이오 연료는 휘발유 대신 자동차의 연료로 바로 사용할 수 있습니다. 즉, 과학자들은 물에 흠뻑 적셔 햇빛이 잘 드는 곳에 놓아주면 저절로 자동차 연료를 만드는 인공 나뭇잎을 발명한 셈입니다. 현실에 바로 적용 가능한 에너지원을 생산한다는 점에서 매우 가능성 높은 차세대 신재생 에너지 개발 모델로 각광받고 있고요. 좀 더 경제성이 뛰어나도록 에너지 효율을 높이는 개선 작업이 이루어지고 있지요.

버려지는 음식물 쓰레기와 축산 분뇨, 농업 부산물을 재활용해 공동체가 쓰고도 남을 만큼 에너지원을 개발하는 데 성공한 곳도 있습니다. 음식물 쓰레기와 축산 분뇨, 농업 부산물의 공통점은 한때 생물체의 일부를 이루는 유기물이라는 점입니다. 유기물은 미생물에 의해 분해되면서 메탄가스 등 연료원으로 쓰일 수 있는 바이오 가스를 뿜어냅니다. 사람들은 유기물이 썩을 때 나오는 바이오 가스를 포집하는 데 주목했는데, 이 분야의 선두 주자는 독일입니다. 독일은 2019년 기준으로, 전국에 9,500여 개의 바이오 가스 시설을 운영 중이고, 여기서 상당량의 전력을 보충하고 있습니다. 독일은 지난 2011년 일본 후쿠시마 원자력발전소 사고 이후 단계적으로 원자력발전소를 폐지하는 중입니다. 따라서 2018년 기준, 전체 전기 발전량 가운데 원자력발전에 의존하는 것은 11.6%에 불과합니다. 반면, 재생에너지의 비중은 매우 높아 전체 전기 발전량의 33.1%에 달합니다. 이는 신재생 에너지가 친환경적이기는 하지만 설비와 가동에 비용이 많이 들고 전력 생산량이 적어 화력발전이나 원자력발전을 대체하기는 힘들다는 우려를 불식시킬 만한 결과입니다.

인간이 지구와 공존하기 위해

한때 우리는 땅만 파면 화석연료가 나오고 잘 파서 적절하게 사용만 하면 되는 줄 알았습니다. 그러나 무분별한 화석연료의 사용은 에너지 수급 문제와 환경오염 문제를 동시에 가져왔고, 인류는 불안정한 유가에 의존하는 경제 산업구조와 온갖 오염물질로 더러워진 지구 환경이라는 두 가지 악재를 동시에 떠안게 되었습니다. 이 길의 끝에는 파멸밖에 없습니다. 그러니 이제라도 변해야 합니다. 한쪽에서 초기 신재생 에너지의 경제성을 논하며 기존의 방식을 고수하는 동안, 다른 쪽에서는 이미 엄청난 노력으로 그 한계를 깨뜨리고 있습니다. 물론 우리가 선택해야 할 미래는 한계를 깨뜨리는 쪽일 것입니다.

나뭇잎의 현대적 변신

과학자들은 소형 태양전지로 기능하는 인공 나뭇잎에 미생물을 더해서 바이오 연료를 생산할 수 있다는 점에 착안해 진짜 나뭇잎처럼 식량 자원 생산에 도움이 되는 인공 나뭇잎 개발에도 착수했습니다. 그 결과물이 '스스로 비료를 만들어내는 친환경 인공 나뭇잎'입니다. 이 인공 나뭇잎은 특이하게도 질소화합물을 만들어내는 능력이 있답니다.

식물은 광합성을 통해 에너지원이 되는 포도당을 만들어낼 수는 있지만, 자신의 몸체를 이루는 단백질은 만들지 못합니다. 단백질 합성에는 산소, 수소, 탄소 외에도 질소가 반드시 필요하기 때문이죠. 질소는 전체 대기의 78%이지만, 안타깝게도 대부분의 식물은 공기 중의 질소를 전혀 이용하지 못합니다. 대기 중 질소는 질소 원자 두 개가 아주 질긴 삼중 결합을 이루고 있어서 대부분의 식물이 이것을 분해하지 못하거든요. 그래서 공기 중에 풍부한 질소 분자는 전혀 손대지 못한 채, 땅속에 암모니아나 질산염의 형태로 녹아 있는 질소만 뿌리로 흡수해 사용할 뿐입니다. 그래서 농사를 잘 지으려면 질산염 성분이 있는 퇴비나 비료를 토양에 뿌려줘야 합니다. 하지만 유일하게 뿌리가 아니라 공기 중에서 직접 질소를 얻는 식물도 있습니다. 바로 콩과 식물인데요. 콩과 식물의 뿌리에는 대기 중의 질소를 직접 분해할 수 있는 질소고정세균의 일종인 뿌리혹박테리아가 기생하고 있기 때문에 질소비료가 부족한 척박한 땅에서도 잘 자라며, 다른 식물에 비해 단백질의 함량도 높습니다. 괜히 콩이 '밭에서 나는 고기'나 '가난한 자의 고기'라 불리는 게 아니겠죠. 공기로부터 단백질을 직접 만들어낼 수 있는 질소고정세균과의 공생이 콩과 식물에게는 신의 한 수인 셈이죠.

이에 착안해 연구자들은 인공 나뭇잎에 질소고정세균을 안정적으로 자라게 하는 방법을 개발했습니다. 인공 나뭇잎의 태양전지에서 물을 분해할 때 나오는 수소와 질소고정세균이 분해한 질소 원자를 더하면 암모니아 NH_4를 만들 수 있습니다. 암모니아 성분은 쉽게 분해되므로 주변의 다른 식물이 이용할

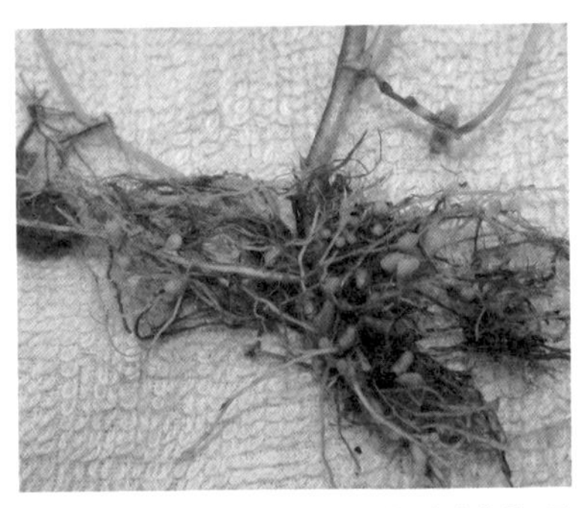

콩과식물의 뿌리에 기생하는 뿌리혹 박테리아는 공기 중의 질소를 추출해 콩에게 전달해주는 대신 콩으로부터 물과 양분을 얻어 공생합니다. 이들의 공생은 두 생명체 모두에게 이익이 되는 상부상조의 결과입니다.

수 있는 양질의 비료가 될 수 있습니다. 연구자들은 붉은색 무를 심은 밭을 두 그룹으로 나누어 한쪽은 그대로 키우고, 다른 쪽은 새로 만든 인공 나뭇잎을 군데군데 흙 속에 꽂아둔 채 무를 키웠다고 합니다. 물론 둘 다 비료는 추가적으로 주지 않았고요. 그리고 몇 달 후, 무를 뽑아보니 둘 다 비료를 주지 않았는데도 인공 나뭇잎을 꽂아둔 쪽의 무는 그렇지 않은 무에 비해 무게가 50% 정도 더 나갈 만큼 실하게 잘 자랐다고 합니다. 인공 나뭇잎이 훌륭한 비료 역할을 톡톡히 한다는 증거지요.

인구의 증가는 에너지원의 고갈뿐 아니라 식량의 고갈도 가속화시킬 것이고, 결국 식량 자체가 협상의 대상이자 무기가 될 것이라 예측하는 사람이 많았습니다. 특히 식량 부족 문제가 심각한 나라일수록 경제적인 이유로 작물에 비료를 충분히 사용하지 못해 작황이 나빠지고, 이는 다시 식량 부족 문제로 이어지면서 악순환의 고리는 끊이지 않았지요. 연구자들은 식량에 대한 수요는 많으나 경제적인 문제로 비료를 줄 수 없어 수확량이 적은 지역에 질소고정 능력을 지닌 인공 나뭇잎을 배포한다면, 수확량을 늘려 식량 부족 문제를 해결할 수 있을 것으로 보고 있습니다. 이 인공 나뭇잎은 햇빛과 물과 공기가 공급되는 이상 계속 비료를 생산할 것이므로, 지력을 고갈시키거나 기존의 인공 비료처럼 토양을 오염시키는 일 없이도 식량 생산성을 높여줄 것으로 기대하고 있습니다.

물론 이 방식이 실제로 도움이 되려면 현재 5% 남짓에 불과한 에너지 효율을 개선하고 가격을 낮춰야 하는 현실적인 문제가 남아 있습니다. 하지만 차차 해결할 수 있는 문제로 보고 있지요. 오늘도 과학자들은 식물이 오래전부터 해온 광합성의 원리를 통해 미래 식량 문제의 대안을 연구하고 있습니다. '자연은 가장 위대한 스승'이라는 말은 언제나 진리인 모양입니다.

참고 문헌

이 책에 나오는 용어의 사전적 정의는 주로 위키백과 한글판과 영문판을 주로 참조했습니다.

주요 참고 사이트

1. 인간은 미생물과의 싸움에서 승리했는가
미국식품의약안정청 http://www.fda.gov
한국세포주은행 http://cellbank.snu.ac.kr
항생제내성균주은행 http:/www.ccarm.or.kr

2. 미래의 식탁은 우리가 점령한다
농촌진흥청 http://www.rda.go.kr/
바이오안정성정보센터 http://www.niab.go.kr
유전자조작식품반대연구센터 http://www.antigmo.wo.to
한국식품연구소 http://kafri.or.kr
한국유전자검사센터 http://www.kgac.co.kr/

3. 자궁을 벗어난 생명 탄생의 신비
광주지방변호사회 http://www.kjbar.or.kr
마리아바이오텍 http://www.mariabiotech.co.kr
서울줄기세포보관은행 http://stemcell.seoulcord.co.kr
한국불임센터 http://www.ivfkorea.co.kr

4. 생명을 대체하는 기술, 그 밝음과 어둠
국립장기이식관리센터 http://www.konos.go.kr
대한신장학회 http://www.ksn.or.kr
동물장기이식 http://www.xenotransplant.ineu.org
장기이식용복제돼지 http://www.ncbi.nlm.nih.gov/entrez/query.fcgi?cmd=Retrieve&db=PubMed&list_uids=11778012&dopt=Citation
최초의 장기이식(의사신문) http://nopain365.com/his76.html
한국생명윤리학회 http://www.koreabioethics.net
호크힐(과학동영상 비디오) http://www.hawkhill.com

5. 생활의 질을 위한 또 하나의 전쟁
대한비만학회 http://www.kosso.or.kr
약업신문 http://www.yakup.com
카르니틴 http://www.spiralnotebook.org
한국 로슈 http://www.roche.co.kr

6. 침묵의 봄이 찾아온다
강원대 환경과학과 http://envsci.kangwon.ac.kr

녹색전쟁 http://www.greenwars.co.kr
산하온 환경연구소 http://sanhaon.or.kr
환경운동연합 http://www.kfem.or.kr

7. 밥상 위의 천사와 악마
가족 건강 케어캠프 http://www.carecamp.com/
글루텐 알레르기 http://www.nutramed.com/celiac/
글루텐 없는 음식 http://gfrecipes.com/

8. 생명의 상아탑 위에 만들어진 노벨상
노벨상 http://nobelprize.org
노벨상 http://preview.britannica.co.kr/spotlights/nobel
노벨상 교육 자료 http://web.edunet4u.net/club/nobel
노벨상을 거부한 사람들 - 이종호의 과학이 만드는 세상
http://www.scienceall.com/sa0news/03/11e/index.jsp?cId=236295&selMenu=cb
화약박물관 http://museum.hanwha.co.kr

9. 매력적인, 그러나 치명적인 유혹
맨해튼 프로젝트 http://www.me.utexas.edu/~uer/manhattan
물리의 이해 http://physica.gsnu.ac.kr
방사선조사식품 http://www.foodinfo.pe.kr/databank/sub/irradiation.htm
사이버방사선안정정보센터 http://rinet.kins.re.kr
원자력을 이해하는 여성 모임 http://www.wiin.or.kr
체르노빌 http://www.chernobyl.co.uk
한국방사선동위원소협회 http://www.ri.or.kr
한국방사선연구소 http://www.kaeri.re.kr

10. 왜 신은 검은 에너지를 그토록 깊은 곳에 숨겨두었나
석유 이야기 http://www.donga.com/fbin/moeum?n=dstory$b_415&a=l
석유파동 http://kr.dic.yahoo.com/search/enc/result.html?pk=4802600&field=id&type=enc&p=석유파동
에너지관리공단 대체에너지센터 http://racer.kemco.or.kr
에너지경제연구원 http://www.keei.re.kr/index.html
한국석유공사 http://www.knoc.co.kr

기타 참고 사이트

BBC뉴스 http://news.bbc.co.uk
과기부 http://www.most.go.kr
과학 신문 사이언스타임즈 http://www.sciencetimes.co.kr

과학 포털 사이언스올 http://www.scienceall.com
네이처 http://www.pbs.org/wnet/nature
네이처 코리아 http://www.naturekorea.com
농림부 http://www.maf.go.kr
농촌진흥청 http://www.rda.go.kr
동아사이언스 http://www.dongascience.com
사이언스 http://www.sciencemag.org
생물학정보연구센터 http://bric.postech.ac.kr
약업신문 http://www.yakup.com
연세대 의대 생화학분자생물학교실 http://biochemistry.yonsei.ac.kr
위키백과 http://ko.wikipedia.org/wiki
의사과학연구소 http://kopsa.or.kr/
지역정신보건사업기술지원단 http://mentalhealth.kihasa.re.kr
케어캠프 http://www.carecamp.com
한국과학기술정보연구원 http://www.kisti.re.kr
회의주의자사전 http://www.skepdic.com

참고 도서

그리빈, 존, 강윤재·김옥진 옮김, 『과학 - 사람이 알아야 할 모든 것』, 들녘, 2004.
리가토, 메리엔, 양지원 옮김, 『이브의 몸』, 사이언스북스, 2004.
바루디오, 권터, 최은아 외 옮김, 『악마의 눈물, 석유의 역사』, 뿌리와이파리, 2004.
스태인그래버, 산드라, 김정은 옮김, 『모성혁명』, 바다출판사, 2015.
이종호, 『노벨상이 만든 세상(생리 의학)』, 나무의 꿈, 2004.
이종호, 『노벨상이 만든 세상(물리학)』, 나무의 꿈, 2004.
이종호, 『노벨상이 만든 세상(화학)』, 나무의 꿈, 2000.
임경순 외, 『포유동물 생식세포학』, 서울대학교출판부, 2001.
카슨, 레이첼, 김은령 옮김, 『침묵의 봄』, 에코리브르, 2002.
캐리, 존 편저, 이광렬 외 옮김, 『지식의 원전』, 바다출판사, 2007.
캔들, 메리언, 이성호·최돈찬 옮김, 『세포전쟁』, 궁리출판, 2004.
콜본, 테오, 권복규 옮김, 『도둑맞은 미래』, 사이언스북스, 1997.

하리하라의 과학블로그 1

펴낸날 초 판 1쇄 2005년 10월 5일
초 판 45쇄 2020년 3월 23일
개정판 1쇄 2024년 4월 5일

지은이 이은희
펴낸이 심만수
펴낸곳 (주)살림출판사
출판등록 1989년 11월 1일 제9-210호

주소 경기도 파주시 광인사길 30
전화 031-955-1350 팩스 031-624-1356
홈페이지 http://www.sallimbooks.com
이메일 book@sallimbooks.com

ISBN 978-89-522-4877-0 44400
978-89-522-4879-4 44400 (세트)
살림Friends는 (주)살림출판사의 청소년 브랜드입니다.